固体废物循环利用技术丛书

# 典型废旧金属循环利用技术

张深根 刘波 编著

北 京
冶 金 工 业 出 版 社
2018

## 内 容 简 介

本书全面介绍了典型废旧金属循环利用的研究进展,并包含了作者及其团队近年来在本领域取得的研究成果等。

全书共分6章,主要内容包括废钢铁、废杂铜、废杂铝、含铅废料和含锌废料5类典型废旧金属的来源、特点、处理、资源化以及高值化等。

本书可供从事废物资源化、材料科学与工程、冶金科学与工程、环境科学与工程等研究的科技工作者和研究生阅读。

**图书在版编目(CIP)数据**

典型废旧金属循环利用技术/张深根,刘波编著. —北京:
冶金工业出版社,2017.2(2018.8重印)
(固体废物循环利用技术丛书)
ISBN 978-7-5024-7419-5

Ⅰ.①典… Ⅱ.①张… ②刘… Ⅲ.①金属废料—废物综合利用 Ⅳ.①X756.05

中国版本图书馆 CIP 数据核字(2017)第 035743 号

出 版 人 谭学余
地 址 北京市东城区嵩祝院北巷 39 号 邮编 100009 电话 (010)64027926
网 址 www.cnmip.com.cn 电子信箱 yjcbs@cnmip.com.cn
责任编辑 俞跃春 杜婷婷 美术编辑 彭子赫 版式设计 彭子赫
责任校对 李 娜 责任印制 李玉山
ISBN 978-7-5024-7419-5
冶金工业出版社出版发行;各地新华书店经销;北京虎彩文化传播有限公司印刷
2017 年 2 月第 1 版,2018 年 8 月第 2 次印刷
169mm×239mm;12.5 印张;243 千字;190 页
**78.00 元**
冶金工业出版社 投稿电话 (010)64027932 投稿信箱 tougao@cnmip.com.cn
冶金工业出版社营销中心 电话 (010)64044283 传真 (010)64027893
冶金书店 地址 北京市东四西大街 46 号(100010) 电话 (010)65289081(兼传真)
冶金工业出版社天猫旗舰店 yjgycbs.tmall.com
(本书如有印装质量问题,本社营销中心负责退换)

# 前　言

2003 年在中央人口资源环境工作座谈会上第一次明确提出发展循环经济的理念至今已整整 13 年。经过 13 年来的不断探索，我国在循环经济技术研发方面取得了显著的成绩，法律法规和政策体系不断完善，充分利用市场和政策杠杆调节手段，积极引导企业和科技工作者广泛参与。循环经济发展模式已经成为可持续发展战略的重要组成部分。

然而，在我国经济建设取得重大成就的同时，金属资源保障危机不断升级，资源紧缺与市场需求之间的矛盾日益加剧，同时，无节制的粗犷式开采也导致矿区生态环境急剧恶化。尽管我国钢铁产能和产量已位居世界第一，但铁矿石供给仍受制于国外。铜、铝、铅、锌储量的保障程度分别为 27.4%、27.1%、33.7% 和 38.2%，其地质储量仍在急速下降。

随着我国国民经济的快速发展和人民生活水平的不断提高，我国金属社会保有量越来越多，废旧金属材料成分越来越复杂，其循环利用难度越来越大，已经造成资源和能源浪费以及生态环境问题。据不完全统计，我国钢铁社会保有量约 100 亿吨、铜约 7900 万吨、铝约 2.12 亿吨、铅约 6000 万吨、锌约 7500 万吨。按 15 年生命周期计算，平均年报废金属量约 7 亿吨。

综上所述，高度重视和大力发展废旧金属循环利用不仅可以节省宝贵的不可再生的自然资源，而且对节约能源保护自然生态环境以及保障国家社会经济安全具有重要作用。

废旧金属来源广、成分复杂，其循环利用技术研究已成为全球的热点，也是极具挑战性的研究领域之一。

　　本书总结了作者和国内外同行近年来在典型废旧金属循环利用方面的主要研究成果，力图系统地反映该领域的前沿技术。作者的研究成果是在国家科技支撑计划课题（2011BAE13B07、2011BAC10B02）和国家自然科学基金（U1360202、51672024、51502014）资助下完成的。北京科技大学磁功能及环境材料研究室博士研究生刘一凡、丁云集、杨健、张柏林、蔺瑞和黎琳等在本书编写过程中付出了辛勤的劳动，在此一并表示衷心的感谢！

　　由于作者水平有限，书中不妥之处，敬请同行专家及广大读者赐教与指正。

作者<br>2016 年 10 月

# 目　　录

# 1 废旧金属概述

金属材料是不可或缺的基础材料和重要战略物资，在国民经济中占有举足轻重的地位。金属材料产业高耗能、高耗水、高污染等特点决定了它是发展循环经济的重点领域。面临环境压力、资源匮乏危机等诸多问题，废旧金属循环利用产业可大幅度节能、降低资源消耗、保护环境，也是最具潜力的产业之一。废旧金属回收技术被广泛应用于报废手机、汽车、废钢等资源化领域。废旧电路板含多达 60 种元素，每种金属元素是否具有回收价值取决于其浓度和可回收性。比如，贵金属、铂族金属是废旧电路板回收的主要金属，同时可回收相对低值的铜、锑、铟，但是钽、镓、锗和稀土等金属元素被氧化进入渣相[1]。原则上金属可无限地循环利用，但受社会行为、产品设计、回收技术等因素制约，实际上是不可能的。通过提高金属回收技术、增加废品收集率等可以提高废旧金属循环利用率[2]。Hannon Bruce[3] 早在 1982 年提出美国应通过提高废钢利用率达到节能目的，也可以通过提高钢材价格来降低钢铁消耗达到节能目的。节能是可持续的工业过程，其愿景是产品绿色设计、降低能源消耗、减少浪费、生产更有效的产品、废品易循环利用[4]。自 20 世纪 90 年代，我国金属循环利用产业主要集中在钢铁、铜、铝、铅、锌四大主要的金属，在能耗降低、物耗减量、副产品利用、三废处置利用、生态产业链五个方面取得了显著成绩[5]。

## 1.1 废旧金属的定义、特点和分类

废旧金属是指使用和生产过程中剩下的余料、丧失使用价值的金属屑末及制品、含有金属成分的生产废物等。按材料性质分，废旧金属可分为废旧黑色金属和废旧有色金属两大类。废旧黑色金属主要为钢铁废料，富含铁、钴、锰等三种元素；废旧有色金属主要包括废旧铜、铝、铅、锌、稀有金属、稀贵金属、稀散金属和稀土金属等。按来源分，废旧金属可分为生产性废旧金属和非生产性废旧金属。生产性废旧金属是指用于冶金、机械、化工、建筑、交通、通信、电力、水利、油田、国防及其他生产领域，在生产过程中已失去原有使用价值的金属材料、金属制品和生产设备，主要包括：生产过程中产生的刨钢、渣钢、切头、板边、废次材、氧化铁皮、钢屑、铁屑、边角料；废铸钢、铸铁件、废半成品、废零件、废次产品、散碎铁；报废和淘汰的生产设备；废铁器材、城市公用废金属

设施；废拖拉机、废收割机；报废输电器材；报废机动车辆、船舶及其零件；报废和退役的武器装备；废刀具、丝锥、板牙、钻头；废轴承、弹簧、不锈钢容器；有色金属切头、屑末、边角料；机械设备中的废有色金属零部件、废有色金属丝、管、棒、带；废电缆电线、废铜漆包线、废导电板、废铅电瓶、废飞机铝、废汽车水箱、废有色金属器皿；含金银的废液、镀金银的废电子元件等。非生产性废旧金属，是指已失去原有使用价值的城乡居民和企业、事业单位的金属生活用具和农民用于农业生产的金属小型农具，主要包括：废炉具、炊具、金属餐具，废缝纫机、自行车、人力车及其废零件；废镰刀、锄头、犁铧和报废小型粮食加工设备；废金属生活用品、杂件，废牙膏皮、有色金属废药管等。废旧金属是最重要的二次资源，通过循环利用技术，可以生产出有价值的金属材料[6]。再生金属产业已经成为世界主要国家竞相发展重要产业。

废旧金属具有资源性和污染性的双重特性。废旧金属富含大量金属元素，其品位远高于原矿，现已成为金属原材料最重要的来源。绝大部分废旧金属的品位均高于其原矿的品位。表 1-1 为废旧金属及其对应的原矿工业品位和边界品位。

**表 1-1  部分金属原矿与废旧金属原料品位一览表**

| 原 矿 | | | 品位（质量分数） | | 废旧金属原料 |
|---|---|---|---|---|---|
| | | | 工业品位 | 边界品位 | |
| 有 色 金 属 | 铜 | | 0.4%~0.5% | 0.20% | 20%~99% |
| | 铅锌 | 铅 | 硫化矿 | 0.7%~1.0% | 0.3%~0.5% | 8%~40% |
| | | | 混合矿 | 1.0%~1.5% | 0.5%~0.7% | |
| | | | 氧化矿 | 1.5%~2.0% | 0.5%~1.0% | |
| | | 锌 | 硫化矿 | 1.0%~2.0% | 0.5%~1.0% | 10%~35% |
| | | | 混合矿 | 2.0%~3.0% | 0.8%~1.5% | |
| | | | 氧化矿 | 3.0%~6.0% | 1.5%~2.0% | |
| | 铝土矿（$Al_2O_3$） | 露采 | ≥55% | ≥40% | >90% |
| | | 坑采 | ≥55% | ≥40% | |
| | 钨 | 黑钨 | 0.12%~0.18% | 0.08%~0.1% | 5%~80% |
| | | 白钨 | 0.15%~0.2% | 0.1%~0.12% | |
| | | 砂钨 | 0.04% | 0.02% | |
| | 钼 | | 0.06%~0.08% | 0.03%~0.05% | 30%~80% |
| | 镍 | | 0.3%~0.5% | 0.2%~0.3% | 10%~40% |
| | 锡 | | 0.2%~0.4% | 0.1%~0.2% | 5%~35% |
| | 镁 | 白云岩矿 | ≥19% | | 3%~30% |
| | | 菱镁矿 | ≥42%~46% | | |

| 原矿 | | | 品位（质量分数） | | 废旧金属原料 |
|---|---|---|---|---|---|
| | | | 工业品位 | 边界品位 | |
| 有色金属 | | 锑 | 1.50% | 0.70% | — |
| | | 汞 | 0.08%~0.10% | 0.04% | — |
| | 钴 | 硫化钴（及砷化钴） | 0.03%~0.06% | 0.02% | 5%~60% |
| | | 钴土矿 | 0.50% | 0.30% | |
| | | 铋 | 0.50% | 0.20% | — |
| 黑色金属 | 铁 | 平炉 磁、赤、假象赤铁矿 | 55% | 50% | 50%~98% |
| | | 富矿 褐、针铁矿 | 50% | 45% | |
| | | 高炉 磁铁矿 | 50% | 45% | |
| | | 富矿 赤、假象赤铁矿 | 45%~50% | 40%~45% | |
| | | 褐、针铁矿 | 40%~45% | 35%~40% | |
| | | 菱铁矿 | 35%~40% | 30%~35% | |
| | | 自熔性矿石 | 35%~38% | 28%~32% | |
| | | 磁铁矿 | 25% | 20% | |
| | | 赤铁矿 | 28%~30% | 20% | |
| | | 菱铁矿 | 25% | 20% | |
| | | 褐铁矿 | 30% | 20% | |
| | 钛 | 原生矿 金红石 | ≥3% | ≥2% | 10%~76% |
| | | 原生矿 钛铁石 | ≥8% | ≥5% | |
| | | 砂矿 金红石 | ≥2kg/m³ | ≥1kg/m³ | |
| | | 砂矿 钛铁石 | ≥15kg/m³ | ≥10kg/m³ | |
| | 钒 | 单独矿床 $V_2O_5$ | 0.5%~0.7% | | — |
| | | 钒为伴生组分矿床 | ≥0.1%~0.5% | | |
| | 锰 | 氧化锰 富矿 | ≥30% | ≥20% | — |
| | | 氧化锰 贫矿 | ≥20% | ≥10% | |
| | | 碳酸锰 富矿 | ≥25% | ≥15% | |
| | | 碳酸锰 贫矿 | ≥10% | ≥8% | |
| | | 铁锰矿 | ≥10% | | |
| | 铬 | 原生矿 富矿 | ≥32% | ≥25% | — |
| | | 原生矿 贫矿 | ≥8% | ≥5% | |
| | | 砂矿 | ≥3% | ≥1.5% | |

| 原　矿 | | | 品位（质量分数） | | 废旧金属原料 |
| --- | --- | --- | --- | --- | --- |
| | | | 工业品位 | 边界品位 | |
| 贵重金属 | 金 | 岩金 | 3~5g/t | 1~2g/t | 20~10000g/t |
| | 银 | | 100~120g/t | 40~50g/t | 400~300000g/t |
| 稀土 | 轻稀土<br>（铈族） | 镧、铈、镨、<br>钕、钷、<br>钐、铕 | 含氟碳铈矿、<br>独居石原生矿 | 1% | 0.50% | 20%~30% |
| | | | 独居石砂矿<br>及风化壳 | 300~500g/m³ | 100~200g/m³ | |
| | 重稀土<br>（钇族） | 钇、钆、铽、<br>镝、钬、铒、<br>铥、镱、镥 | 含钇（磷钇矿、<br>硅铍钇矿）伟晶<br>岩、碳酸岩矿 | 0.05%~0.1% | | 0.5%~10% |
| | | | 磷钇矿砂矿及<br>风化壳矿床 | 50~70g/m³ | 30g/m³ | |
| 稀有金属 | 钽 | | 露天 | 20~30g/m³ | 10g/m³ | — |
| | | | 地下 | 50~60g/m³ | 20~25g/m³ | |

　　废旧金属一般含有有机物、重金属，如果处置不当，容易造成环境污染。废旧金属通常含有污染环境的重金属，部分废旧金属含有大量的有机物。废旧金属回收利用过程中，重金属容易以气态（烟气）、液态（废水）和固态（废渣）等形式污染环境，有机物则以气态（如二噁英）形式污染空气。因此，废旧金属再生利用过程中，必须重视环保，避免污染事件发生。

　　此外，废旧金属分布广泛且不均匀，与人口和地域经济活跃度呈正相关。人口密度越大、经济活越发达，废旧金属量越大。废旧金属回收是逆向物流形式，即由个人、家庭流向居民回收点，再到回收站，最后到废旧金属再生工厂。

## 1.2　废旧金属循环利用现状

### 1.2.1　废钢循环利用现状

　　目前，全球年产废钢量达 10 亿吨以上，其中可回收利用的占 55% 左右。废钢是一种载能的绿色炼钢资源，与用铁矿石生产 1t 钢相比，用废钢生产 1t 钢可节约铁矿石 1.3t，能耗减少 350kg 标煤，减排二氧化碳 1.4t，可减少大气污染 86%，减少了废水排放量 76%，减少了尾矿、煤泥、粉尘、铁渣等固体排放物 97%[6]。起源于 20 世纪 80 年代的废钢回收加工业，发展可谓困难重重，长期以来一直处于缓慢进步的态势。20 世纪 90 年代后，国家原有的物资和供销合作社两大废钢加工回收系统相继萎缩，大多转为民营或个体承包经营，普遍状况是规模小、力量弱、设备差，规模以上的废钢铁回收加工企业少，使废钢铁回收利用处于极为分散的经营状态。直至步入 21 世纪，钢铁工业进入快速发展的轨道，中国的废钢产业才进入"现代化"长足发展阶段，但仍面临不少问题。就社会废钢回收体系而言，现状可以形象地概括为"三多、三差、三乱、三缺、三密"。"三多"是指经营企业多、从业人员多、物流环节多；"三差"是指行业集中度差、装备程度差、商业信誉差；"三乱"是指流通秩序乱、产业标准乱、税收项目乱（税收政策需要完善）；"三缺"是指经营管理人才缺、技术研发人才缺、专业设备操作人才缺；"三密"是指资源密集、资金密集、劳动力密集。

鉴于上述情况，废钢产业应作为钢铁工业的前步工序，像矿山和炼铁一样，必须加速规模化、产业化发展，才能适应市场的需要。为此，中国废钢铁应用协会进行积极的推进和协助，近几年加大了废钢回收加工配送体系建设的工作力度。工业和信息化部于 2012 年正式发布《废钢铁加工行业准入条件》和《废钢铁加工行业准入公告管理暂行办法》，从企业资质、规划布局、产能、场地、工艺装备、产品质量、能耗、环保、安全、人员培训等方面对全国从事废钢加工配送的企业提出了要求，进行了规范，废钢回收加工配送体系建设更是获得了明确的政策支持。

目前，已有 130 家企业成为废钢回收准入企业，其中 60 多家企业被中国废钢铁利用协会授予"废钢铁加工配送中心和示范基地"称号。这些企业加工能力已达到 5000 万吨以上，提前实现废钢产业"十二五"发展规划的目标（目标为 2015 年年底，全国范围的年加工配送能力 15 万吨以上的废钢铁加工配送企业应达到 100 家以上，年加工配送废钢总量提高到 5000 万吨，占全国废钢消耗总量的 50%以上）。

由于我国钢铁工业主要以转炉炼钢工艺为主，电炉炼钢发展较为缓慢，废钢价格相对较高、电力成本高昂、废钢回收加工体系的不完善以及废钢行业税收等问题导致的不公平竞争等因素，制约着废钢资源的回炉炼钢。因此，我国废钢炼钢比例低，电炉钢产量仅占粗钢产量的 10%左右。

根据相关的测算，我国废钢资源量将快速增加，有利于废钢加工配送体系的发展，也将有助于实现钢铁企业"精炼入炉"、"节能环保"的目标，中国钢铁工业提高综合废钢比大有可为。针对废钢产业的发展存在的问题，急需国家有关部门对废钢产业的现状予以重视，采取措施缓解企业的困境，扶助和支持废钢铁产业的发展，如对废钢物资增值税政策的改革和调整，对规范的利废企业多用废钢予以差别电价、减免环保费用、节能基金补贴等政策，帮助废钢回收体系的建立和完善，鼓励钢铁企业多用废钢资源等。

## 1.2.2 废有色金属循环利用现状

以废旧有色金属制品和工业生产过程中的有色金属废料为原料炼制而成的有

色金属及其合金称为再生有色金属。早在铜器时代就使用再生有色金属，即将废旧金属器物回炉重熔。到20世纪，出现了专业化的再生金属工业，并得到蓬勃发展。有色金属的废料回收，有利于环境保护和资源的利用，具有投资省、能耗少、经济效益显著的特点。因而，再生有色金属产量在各国总产量中的比重逐年上升。

当前，我国有色金属资源保障危机不断升级，资源紧缺与市场需求之间的矛盾日益加剧，同时，无节制的粗放式开采也导致矿区生态环境急剧恶化。例如，稀土储量已由20世纪70年代占世界总储量的74%下降到目前的23%，世界最大的共伴生复合稀土矿床——内蒙古白云鄂博主矿、东矿，如果持续目前的1000万吨/年的开采速度，20年多后，我国将从稀土资源大国变为全球最紧缺稀土的国家。我国铂族金属的储量不到400t，年产铂钯仅3t，仅为需求量的2.14%，对外依存度高达97.86%。铜、铝、铅、锌储量的保障程度分别为27.4%、27.1%、33.7%和38.2%，其中，铜储量只有6251万吨，只能维持6~8年的开采。稀散金属镓、铟、锗、铼由于过度开采，导致地质储量急速下降。

另外，我国有色金属社会保有量越来越大。根据统计数据显示，我国稀土（按氧化物折算）社会保有量约300万吨、铂钯等稀贵金属1000吨以上、镓、铟、锗、铼等稀散金属约7000~8000t、铜约7900万吨、铝约2.12亿吨、铅约6000万吨、锌约7500万吨。按15年生命周期计算，平均年报废有色金属达到4500万吨（不包括稀土）。因此，提高有色金属再生利用率前景广阔，预计到2030年再生量接近表观消费量（约6000万吨）的55%，年减少原矿开采数十亿吨。

发达国家十分重视再生有色金属产业，再生产量占总产量平均超过50%。与之相比，我国差距明显，2015年，我国主要再生有色金属产量达到1200万吨，占总量的约21.5%。我国再生有色金属前景广阔，潜力巨大，形成了一批年产10万吨以上的再生铜、再生铝、再生铅、再生锌等规模化企业。

废旧有色金属成分越来越复杂，再生利用难度越来越大，对再生利用科技水平要求日益提高。铜铝铅锌再生利用产业存在铜铝降级使用，铅锌再生利用造成的重金属污染严重等。在铜再生利用方面，现有的预处理、熔炼、连铸连轧等工艺难以实现再生铜产品保级升级利用，产品品级较低，如再生铜用于电子信息产业的铜键合丝还处于空白，没有形成对我国电子信息产业支撑作用。此外，以废杂铜作为捕集金属协同回收金、银、铂、钯、铱、铑等贵金属共性技术没有突破，再生产品主要为阴极铜，造成资源利用率低、行业效益差。在铝再生利用方面，存在再生铝降级使用、烧损率高（10%）、铝灰渣堆存等问题，关键原因是再生铝科技水平不高，特别是再生铝合金除杂除气、成分和组织控制等共性技术有待突破，智能化蓄热式液下冶炼大型熔炼炉核心装备有待研制。在铅锌再生利用方面，以废杂铅作为捕集金属协同回收铟、锡、铋、锑、砷、碲共性技术没有突破，二次资源未实现综合利用；含重金属的铅锌冶炼渣无害化高值化利用科技基础薄弱，未突破铅锌冶炼渣微晶玻璃的产业化技术，没有核心装备和工程研发平台等，重金属污染形势十分严峻。

# 1.3　废旧金属循环利用原则

废旧金属循环利用要遵循 3R（Reducing Reusing and Recycling）原则，以资源的高效利用和循环利用为核心，符合可持续发展理念的经济增长模式[2]。从资源利用的技术层面来看，通过"节约资源"、"梯级利用"和"循环利用"三条技术路径来实现。节约资源是指依靠科技进步和制度创新，提高资源的利用水平和单位要素的产出率；梯级利用是指通过构筑产品梯级利用产业链，建立起生产和生活中产品由高级到低级利用通道，达到资源的有效利用，减少向自然资源的索取，在与自然和谐循环中促进经济社会的发展；循环利用是通过对报废产品的无害化处理和再生，减少生产和生活对生态环境的影响。

## 参 考 文 献

[1] Bloodworth, Andrew. Resources: track flows to manage technology–metal supply [J]. Nature, 2014, 505 (7481): 19-20.

[2] Reck Barbara K., Thomas E. Graedel. Challenges in metal recycling [J]. Science, 2012, 337 (6095): 690-695.

[3] Hannon Bruce, James R. Brodrick. Steel recycling and energy conservation [J]. Science, 1982, 216 (4545): 485-491.

[4] 韩群慧，郑季良. 我国金属产业循环经济发展进程述评 [J]. 科技管理研究, 2011, (3): 125-127.

[5] Collier, Paul, Carina Maria Alles. Materials ecology: An industrial perspective [J]. Science, 2010, 330 (6006): 919-920.

[6] 王明玉，隋智通，涂赣峰. 我国废旧金属的回收再生与利用 [J]. 中国资源综合利用, 2005, 2: 10-13.

# 2 钢铁循环利用技术

废钢铁是钢铁工业的重要原料，被誉为"第二矿业"，在钢铁工业中处于越来越重要的地位，具有广阔的发展前景。废钢铁循环利用具有环保、节能、减排、缓解铁矿石资源危机等优点，世界各国都重视废钢铁循环利用。世界废钢循环利用率为48.3%，我国仅为19.9%。我国钢铁工业仍然受制于铁矿石，以废钢铁为主要原料的钢铁工业没有形成。因此，我国发展废钢铁循环利用具有十分广阔的前景。

## 2.1 废钢铁的来源、分类和用途

### 2.1.1 废钢铁的来源

废钢铁主要包括失去原有使用价值的报废钢铁制品、被更新淘汰的钢铁制品、钢铁冶炼和加工过程中产生的废品、边角余料和废弃物等。废钢铁按来源可分为三大类[1]：因报废折旧而产生的废钢铁；钢材加工、生产过程中产生的下脚料及废品；进口废钢铁。

#### 2.1.1.1 折旧性废钢铁

折旧性废钢铁是指因经济技术指标落后、使用成本增高、寿命期满等原因，被淘汰下来的钢铁制品，如工业废钢铁、农业废钢铁、基建废钢铁、铁路废钢铁、矿山废钢铁、民用废钢铁、军用废钢铁等。折旧性废钢铁产生量主要取决于国家的钢铁制品社会保有量、设备平均使用寿命等，占废钢铁总量的40%左右。

（1）工业废钢铁报废的机械设备、装备及其他产品制造过程中产生的下脚料。这类废钢铁的质量好，化学成分易检测，钢水回收率较高，属于优质废钢铁。然而，工业废钢铁中封闭性物质较多（如瓶、罐、釜等），封闭性物质里如有气体遇热时可能会危害到人员及设备的安全。

（2）农业废钢铁来源于损坏的各种农业设施（如闸、坝、桥、涵等），报废的农业机械及器具等，绝大部分是废铸铁和工具钢。我国农业现代化起步较晚，尚不发达，因此，这类废钢铁的数量相对较少。

（3）基建废钢铁主要包括：建造过程中产生的钢铁下脚料（钢筋、角、槽、板的下脚料），报废建筑设备和工器具；建筑物拆解得到的废钢铁。

（4）铁路废钢铁包括已淘汰的铁路设施，如机车、车厢、轨道等。这类废钢铁品质好，绝大部分是重轨钢、高合金钢。随着铁路事业的发展，这类废钢铁会越来越多。

（5）矿山废钢铁包括矿山行业淘汰下来的钢铁制品，如各种液压支架、巷道支架、运输车辆、各种采掘机械工器具等。

（6）民用废钢铁绝大部分是轻薄料和小型料以及铸铁，如家电外壳、钢铁制桌椅家具、办公家具、厨具、门窗、健身器材、交通工具等。

（7）军用废钢铁包括淘汰下来的报废军事武器装备，必须军管并到指定的钢铁企业销毁。

### 2.1.1.2 生产性废钢铁

生产性废钢铁是指在生产过程中产生的废钢铁，主要包括钢铁生产加工过程中产生的废钢铁、装备制造和机械加工过程中产生的废钢铁、特殊事件过程中产生的废钢铁。

（1）钢铁生产加工过程中产生的废钢铁包括炼铁、炼钢、连铸、铸造、轧制等过程中产生的残渣、铸余、炉尘、浇冒口、短锭、切头、切尾、废次材、板边等钢铁废料。除少部分可作为非正式产品销售外，绝大部分作为废钢铁炉料重新冶炼。这类废钢铁质量较好，属于优质废钢铁。

（2）装备制造和机械加工过程中产生的废钢铁包括机械加工过程中所产生的车屑、切屑边角料、氧化铁皮、废次品等，约占钢材料和铸锻件耗用量的12%~18%。这类钢铁废料质量较好，成分清晰，易于回收采集，处理工艺相对简单。

（3）特殊事件过程中产生的废钢铁包括自然灾害（地震、洪水、火山爆发、泥石流等）、交通事故、战争等特殊事件发生过程中产生的大量废钢铁。

### 2.1.1.3 进口废钢铁

废钢铁产生量主要由钢铁产量和社会保有量所决定，目前我国的废钢产生量和钢产量不相适应，每年约有15%的废钢铁需要从国外进口。因此，进口废钢铁也是我国废钢铁的一个重要来源。

## 2.1.2 废钢铁的分类

按照使用方式，废钢铁可以分为两大类：熔炼用废钢铁和非熔炼用废钢铁。熔炼用废钢铁是指不能按原用途使用且必须作为熔炼回收使用的钢铁碎料及钢铁制品；非熔炼用废钢铁是指不能按原用途，又不作为熔炼回收和轧制钢材使用而改作他用的钢铁制品。

按照化学成分，废钢铁可分为废铁和废钢两大类。

### 2.1.2.1　废铁

《废钢铁》（GB 4223—2004）规定，废铁的含碳量（质量分数）大于 2.0%。熔炼用废铁可分为优质废铁、普通废铁、合金废铁、高炉添加料。铁屑冷压块的密度不小于 3000kg/m³，运输和卸货时散落的铁屑（质量分数）不大于批量的 5%，压块应满足脱落实验。各品种熔炼用废铁的成分、尺寸类别要求见表 2-1[2]。

**表 2-1　熔炼用废铁的化学成分、尺寸类别**

| 品种 | 化学成分（质量分数）/% | 类别 | | | 典型举例 |
|---|---|---|---|---|---|
| | | A | B | C | |
| 优质废铁 | S≤0.070 | 长度≤1000mm 宽度≤500mm 高度≤300mm 单件质量≤200kg | 经破碎、熔断易成为同一类形状的废铁 | 生铁粉（车削下来的生铁屑末混入异物的生铁）及其冷压块 | 生铁机械零部件、输电工程各种铸件、铸铁轧辊、汽车缸体、发动机壳等 |
| | P≤0.40 | | | | |
| 普通废铁 | S≤0.12 | | | | 铸铁管道、高磷铁、高硫铁、火烧铁等 |
| 合金废铁 | P≤1.00 | | | | 合金轧辊、球墨轧辊等 |
| 高炉添加料 | Fe≥65.0 | 10mm×10mm×10mm≤外形尺寸≤200mm×200mm×200mm，单件质量≤5kg | | | 小渣铁、氧化屑等加工压块 |

根据碳在铸铁中存在形式及处理方法的不同，废铁又可分为灰口铸铁、白口铸铁、合金废铁、高硫废铁、高磷废铁、球墨铸铁、可锻铸铁、废铁屑、渣铁等。

### 2.1.2.2　废钢

《废钢铁》（GB4223—2004）规定，废钢 $w(C) \leq 2.0\%$，$w(S) \leq 0.05\%$，$w(P) \leq 0.05\%$。按化学成分，熔炼用废钢可分为非合金废钢、低合金废钢和合金废钢。非合金钢中残余元素应符合：镍、铬、铜质量分数不大于 0.30%，除锰、硅元素外，其他残余元素质量分数总和不大于 0.60%。根据外形尺寸和单位重量，熔炼用废钢可分为重型废钢、中型废钢、小型废钢、统料型废钢、轻料型废钢，见表 2-2[2]。

表 2-2 熔炼用废钢分类

| 型号 | 类别 | 代码 | 外形尺寸重量要求 | 供应形状 | 典型举例 |
|---|---|---|---|---|---|
| 重型废钢 | 1类 | 201A | ≤1000mm×400mm，厚度≥40mm，单重40~1500kg，圆柱实心体直径≥80mm | 块、条、板、型 | 报废的钢锭、钢坯、初轧坯、切头切尾 |
| | 2类 | 201B | ≤1000mm×500mm，厚度≥25mm，单重20~1500kg，圆柱实心体直径≥50mm | 块、条、板、型 | 报废的铸钢件、钢轧辊、切割结构件 |
| | 3类 | 201C | ≤1000mm×800mm，厚度≥15mm，单重5~1500kg，圆柱实心体直径≥30mm | 块、条、板、型 | 报废的管材、火车轴、废旧工业设备 |
| 中型废钢 | 1类 | 202A | ≤1000mm×500mm，厚度≥10mm，单重3~1000kg，圆柱实心体直径≥20mm | 块、条、板、型 | 轧废的钢坯及钢材、钢轨、管材 |
| | 2类 | 202B | ≤1500mm×700mm，厚度≥6mm，单重2~1200kg，圆柱实心体直径≥12mm | 块、条、板、型 | 机械废钢件、机械零部件、车船板 |
| 小型废钢 | 1类 | 203A | ≤1000mm×500mm，厚度≥4mm，单重0.5~1000kg，圆柱实心体直径≥8mm | 块、条、板、型 | 机械废钢件、废旧设备、车船板 |
| | 2类 | 203B | Ⅰ级：密度≥1100kg/m³ Ⅱ级：密度≥800kg/m³ | 破碎料 | 汽车破碎料等 |
| 统料型废钢 | — | 204 | ≤1000mm×800mm，厚度≥2mm，单重≤800kg，圆柱实心体直径≥4mm | 块、条、板、型 | 机械废钢件、钢带、边角余料、管材 |
| 轻料型废钢 | 1类 | 205A | ≤1000mm×400mm，厚度≤2mm，单重≤100kg | 块、条、板、型 | 薄板、钢丝、边角余料、生活废钢等 |
| | 2类 | 205B | ≤8000mm×600mm×500mm Ⅰ级：密度≥2500kg/m³ Ⅱ级：密度≥1800kg/m³ Ⅲ级：密度≥1200kg/m³ | 打包件 | 各种机械废钢及混合废钢、薄板、钢丝、边角余料、生产和生活废钢等 |

## 2.1.3 废钢铁的用途

各类废钢铁的常见用途见表 2-3[2]。

表 2-3 废钢铁的常见用途

| 类 别 | 名 称 | | 常 见 用 途 |
|---|---|---|---|
| 废铸钢 | 废铸钢件 | | 机座、电气吸盘、变速箱、轴承盖、底板、阀体、侧架、轧钢机架、箱体、砧座、飞轮、车钩、水压机工作缸、蒸汽锤气缸、轴承座、连杆、曲拐、联轴器、大齿轮、缸体、机架、制动轮、车轮、阀轮、叉头等 |
| 废炭素钢 | 废炭素钢 | 废炭素结构钢 | 各类基建工程、机械零件、管、板、角、槽、螺钉、螺帽、螺母、轴类、钢丝、垫圈、冲压件、拉杆、焊接件、角钢、圆钢、槽钢、工字钢、齿轮、渗碳件、连杆、各种弹簧、凸轮、摩擦片、活塞销、摇臂、油箱、仪表板、机器罩、气缸盖衬垫、曲轴止推片等 |
| | | 废炭素工具钢 | 刀具、量具、模具、锯片、风动工具、钻头、刮刀、木工工具、冲模、冲头、车刀、刨刀、铣刀、锯条、锉刀、锻锤、民用刀具和工具等 |
| 废合金钢 | 废合金结构钢 | 废渗碳钢 | 部分齿轮、轴、蜗杆、摩擦轮、变速箱、飞机齿轮、顶杆、耐热垫圈、锅炉、高压容器管道、凸轮、摩擦片、活塞销和其他表面硬度高耐磨、中心塑性韧性好的机械零件等 |
| | | 废调质钢 | 机床、内燃机来源最多。发电机的叶轮、主轴、转子、轴类、连杆螺栓、进气阀、齿轮、柱塞、高压阀门、轴套、缸套、力学性能要求高的大断面零件等 |
| | | 废弹簧钢 | 外形有丝、卷、板（如汽车弹簧） |
| | | 废滚珠轴承钢 | 专用钢，滚珠、滚柱、滚轴、套圈等 |
| | 废合金工具钢 | 废刃具钢 | 各种工业刀具，如车刀、铣刀、刨刀、冲头风动工具、板牙、丝锥、钻头、冲模、冷轧辊等（刃具钢是低合金钢） |
| | | 废高速工具钢 | 中速车刀、刨刀、铣刀、钻头等；冷剪刀、高速锯切工具 |
| | | 废量具钢 | 各种特殊用途的量具、衡具 |
| | | 废模具钢 | 各种压铸模、锻模、挤压模、热剪切刀、冲头等 |
| | 废特殊钢 | 废不锈钢 | 食品、医疗器械、建筑装饰、家电零件、车辆装饰、汽轮机零件、化工、仪表工业、部分容器、管道等 |
| | | 废耐热钢 | 锅炉、各种热气阀、散热器、油喷嘴、热排气阀、燃烧室等 |
| | | 废耐磨钢 | 各类粉碎机械机件、挖掘机机件、履带、轨道等 |
| | | 废磁钢 | 电机、变压器等电力、电气设施 |
| | | 电热合金 | 加热元件及电阻元件，如电热合金丝、带等 |
| | | 高温合金 | 产生高温的轮叶片、导向叶片、燃烧室等 |

| 类　别 | 名　称 | 常　见　用　途 |
|---|---|---|
| 废合金钢 | 废低合金钢 | 高中低压化工容器、高中低压锅炉汽包、车辆冲压件、建筑金属构件、输油管、储油罐、船舶、火车、桥梁、管道、锅炉、压力容器、起重和矿山机械、电站设备、厂房钢架、焊接结构件、液氨罐车、挖掘机、起重运输机、钻井平台、水轮机机壳等 |

# 2.2　废钢铁的品质检验

## 2.2.1　废钢铁中常见的杂质

废钢铁中的杂质包括非金属杂质（如砖、瓦、砂、石、水泥结块、玻璃等）、有色金属杂质（铜、铅、锡等有色金属）、危险物杂质（炮弹、雷管、引信、枪支弹药、含毒容器以及金属封闭物等）。废钢铁中的部分杂质会对重熔造成困难，非金属杂质形成的炉渣会侵蚀炉衬、降低炉龄、增加辅助材料和能源的消耗；有色金属杂质会严重影响钢的质量，甚至造成废品；危险物杂质在高温下会发生爆炸，造成人身和设备事故。

## 2.2.2　废钢铁中杂质对炼钢的影响

### 2.2.2.1　非金属杂质

（1）氢。钢中氢的主要来源是废钢铁带入炉内的铁锈、水分、沥青、焦油等。铁锈在炼钢炉中遇热分解形成的氢，一部分熔于金属液中，另一部分进入炉气；部分废钢铁中含有油脂、沥青、焦油等，其在高温炉内发生分解会有氢产生。氢对熔炼的影响包括：高温（600℃）高压下，钢中的氢与碳发生甲烷反应，使晶界脱碳，降低钢铁材料强度、韧性和塑性；低温下（260℃以下），钢中高含量的氢原子会结合成氢分子，聚集后产生较大的应力，降低钢的延伸率和断面收缩率。

（2）氧。钢中氧的主要来源是铁锈、氧化铁皮、附加原料等。氧对废钢铁熔炼回收的影响主要有：过多的氧会产生强烈的一氧化碳沸腾，影响钢水浇注和钢锭质量；氧与铁、锰、硅等生成的氧化物夹杂很难被除尽，残留在钢锭中会显著降低钢铁材料的韧性、塑性、强度和延伸率等力学性能；过多的氧会在钢中形成针状气孔，使钢在热加工中出现裂纹。

（3）氮。钢中氮的存在会造成钢铁材料组织疏松，但其含量过高时会引起"蓝脆"现象，使钢的冲击韧性和塑性降低。

（4）磷。废钢中磷的主要来源是混杂在废钢铁中的高磷钢铁废料，如农业机械铸件、高磷残铁等。磷对废钢铁熔炼回收的影响主要有：磷含量过高会显著降低钢的韧性和塑性，使其出现"冷脆"现象；磷会增加钢的焊接敏感性，不利于钢的焊接加工；磷含量高还会增加炼钢辅助材料和电耗，增加冶炼时间和成本。

（5）硫。废钢中硫的主要来源有高硫土铁、火烧铁、火炉、炉条等。硫对废钢铁熔炼回收的影响主要有：熔炼过程中，生成的硫化物夹杂在钢中，会显著减低钢的塑性、韧性；影响钢的焊接性能，引起焊缝热裂和焊缝疏松，影响焊接质量；增加炼钢辅助材料和电耗，增加冶炼成本。

#### 2.2.2.2 有色金属杂质

废钢铁中常见的有色金属夹杂物有铜、锡、铅、锌等。

（1）铜、锡密度与铁相近，熔点比铁低，和氧的亲和力比铁差。熔炼过程中，铜、锡均难去除。凝固过程中，铜和锡会在铁的晶界出偏析，严重时会导致钢锭和铸件的开裂。

（2）铅密度比铁大，熔点比铁低。熔炼过程中首先被熔化，并沉至炉底。其渗入裂缝中会穿透炉底，造成漏钢事故。

（3）锌炼钢温度下，锌会被氧化成氧化锌，破坏炉衬，降低熔炉寿命。

#### 2.2.2.3 危险物杂质

（1）易爆物品主要包括含药爆炸物品和密闭容器。

1）含药爆炸物品主要指未经销毁的武器弹药，如炮弹、手榴弹、雷管、地雷等。

2）密闭容器主要指空腔密闭的油箱、水箱、油桶、气瓶等。

（2）含毒物品主要指一些化工原料的包装容器，如装氯气的钢瓶等。

### 2.2.3 废钢铁的检验方法

废钢铁的检验方法主要有理化和仪器检验、感官鉴别和火花检验鉴别。

（1）理化和仪器检验主要包括应用化学分析和光谱分析等，分析结果精确度高，可用于检验和区分各种钢铁材料和产品的化学成分。

（2）感官鉴别是一种经验鉴别法，通过手、眼、耳等感觉器官，对废钢铁的形态、颜色、声音、硬度等进行检查，进而区分废钢铁的种类。

1）外形鉴别：

①废钢和废铁从外形上看，废钢和废铁有明显的区别，一般的钢制品表面光洁、平滑，无砂眼、无气孔。

②铸钢和铸铁铸钢件绝大部分是经过机械加工的设备零部件，未加工的表面则粗糙不平。新铸钢件表面带有黄色大粒毛砂，浇冒口处留有气割或是凿铲的痕

迹，表面比铸铁件粗糙。铸铁件表面虽粗糙但较平滑，多带砂眼，新铸铁件表面带有黑砂，浇冒口处留有敲断碴。铸铁件又分为灰口铸铁和白口铸铁以及可锻铸铁等。从外形和铸件的品种上看，灰口铸铁件大多是经过车、铣、钻等机械加工的。许多品种的零部件，如电机壳、轴承座、暖气片、机床机身、皮带轮等都是灰口铸铁件。白口铸铁件由于硬而脆，多数都是不经机械加工，直接铸成使用的，如犁铧、铁锅、炉具、球磨机钢球等。可锻铸铁是由白口铸铁经长时间退火得来的。名为可锻铸铁实际上是不可锻的，一些形状复杂，要求一定强度和韧性的零部件，如汽车、拖拉机后桥壳、弯头、三通、刹车脚踏板等都是可锻铸件。

2）颜色、声音鉴别。各种钢铁的化学成分，机械性能不同，其色泽和音响也不相同。钢的表面一般呈黑灰色，略带浮锈就成为黑棕色，敲击时声音清脆，尾音较长。工业纯铁断口呈青灰色，光泽较暗，敲击时声音似钢，但较闷，尾音较短。灰口铸铁表面饱满，气孔很少，颜色灰黑，敲击时声音低哑、发闷，无尾音。白口铸铁表面有凹形收缩，敲击时有"叮叮"的尖声，尾音短。

3）硬度鉴别。由于含碳量的不同，各类钢铁废料的硬度也不同。在鉴别时可以用一些标准件，进行敲击对比。

4）磁性鉴别。根据钢铁有磁性的特点，用磁石试吸是一种普遍采用的鉴别方法。

废钢铁中往往混有不锈钢，可采用色泽、硬度、锈蚀和磁性相结合的方法加以区别，见表2-4[2]。

表 2-4　普通废钢和不锈废钢的区别

| 检验鉴别方法 | 普通废钢 | 铬不锈废钢 | 镍铬不锈废钢 |
|---|---|---|---|
| 色泽 | 黑褐色 | 酸洗后呈白色；未酸洗呈棕白色 | 酸洗后呈白色；酸洗后呈棕白色 |
| 硬度 | 软而韧、易弯不易断 | 硬而韧、能弯不能断 | 硬而韧、能弯不能断 |
| 锈蚀 | 易锈蚀、呈黄褐色 | 不易生锈 | 不易生锈 |
| 磁性 | 有磁性 | 有磁性、磁性较弱 | 退火状态下无磁性；冷加工过后稍有磁性；含锰较高的高锰钢无磁性 |

（3）火花鉴别。将废钢铁与高速旋转的砂轮接触，根据磨削产生的火花形状和颜色，近似地确定钢的化学成分的方法。当钢被砂轮磨削成高温微细颗粒被高速抛射出来时，在空气中剧烈氧化，金属微粒产生高热和发光，形成明亮的流线，并使金属微粒熔化达熔融状态，使所含的碳氧化为 $CO$ 气体进而爆裂成火花。根据流线和火花特征，可大致鉴别钢的化学成分。废钢铁含碳量越大流线越短；碳钢的流线多是亮白色，合金钢和铸钢是橙色和红色，高速钢的流线接近暗红色；碳钢的流线为直线状，高速钢的流线呈断续状或波纹状。

1）低碳钢：火束较长，流线稍多，呈草黄色，自根部起逐渐膨胀粗大，至尾部逐渐收缩，尾部下垂呈半弧夹形，花量不多，主要为一次花。

2）中碳钢：火束较短，流线多而稍细，呈明亮黄色，花量较多，主要为二次花，也有三次花，火花盛开。

3）高碳钢：火束短而粗，流线多而很细密，呈橙红色，花量多而密，主要为三次花及花粉。

4）高速工具钢：火束细长，流线少，呈暗红色，中部和根部为断续流线，有时呈波浪状，尾部膨胀而下垂成点状狐尾尾花，仅在尾部有少量爆花，花量极少。含钨高速钢火花色泽赤橙，近暗红色，流线较长又稀少并有断续状流线，火束尾花呈狐花，几乎无节花爆裂；含钼高速钢火花色泽呈暗橙红色，火束较细，流线细，有少量节花爆裂。钢中加入合金元素后，火花特征将发生变化。Ni、Si、Mo、W 等合金元素抑制爆花爆裂，Mn、V 等合金元素则助长爆花爆裂。

观察火花是鉴别钢的简便方法。对于炭素钢的鉴别比较容易，但对合金钢，尤其是多种合金元素的合金钢，各合金元素对火花的影响不同，它们互相制约，情况比较复杂。

火花鉴别专用电动砂轮机的功率为 $0.20 \sim 0.75 \mathrm{kW}$，转速高于 $3000 \mathrm{r/min}$。所用砂轮粒度为 $250 \sim 380 \mu \mathrm{m}$，中等硬度，$\phi 150 \sim 200 \mathrm{mm}$。磨削时施加压力以 $20 \sim 60 \mathrm{N}$ 为宜，轻压看合金元素，重压看含碳量。

# 2.3　废钢铁预处理技术

废钢铁预处理主要包括拆解、破碎和分选，是废钢铁循环利用必需的工序。

## 2.3.1　废钢铁拆解

废旧汽车、废旧电子电器、报废船舶、废旧机床等是废钢铁重要来源。通过科学合理的拆解不仅获得高品质的废钢铁，而且有利于保护环境，避免或减轻环境污染。下面以报废汽车、废旧电子电器和报废船舶为例阐述科学拆解获得废钢铁的方法。

### 2.3.1.1　废旧机动车拆解

根据机动车分类国家标准，机动车是以动力装置驱动或者牵引，上道路行驶的供人员乘用或用于运送物品以及进行工程专项作业的轮式车辆，包括各类汽车、特种车、各类电车、电瓶车、摩托车和拖拉机等。随着经济的快速发展，国内机动车的保有量急剧增长。根据公安部交管局统计，截至 2015 年底，我国机动车保有量达 2.79 亿辆，其中汽车 1.72 亿辆。按年报废量 6% 计，2015 年报废机动车将达到 1674 万辆。

众所周知,报废机动车是重要的二次资源,报废机动车回收拆解再利用是节约原生资源、保证资源合理利用、保障生态环境、实现可持续发展的重要举措之一。以报废汽车为例,报废汽车含有大量的钢铁、有色金属等材料,见表2-5[3]。

表2-5 报废汽车材料构成表[3]

| 名　称 | 轿　车 | | 卡　车 | | 大　客　车 | |
|---|---|---|---|---|---|---|
| | kg/台 | w/% | kg/台 | w/% | kg/台 | w/% |
| 铸铁 | 35.7 | 3.2 | 50.8 | 3.3 | 191.1 | 3.9 |
| 钢料 | 871.2 | 77.7 | 1176.7 | 76.1 | 3791.1 | 76.6 |
| 有色金属 | 52.4 | 4.7 | 72.3 | 4.7 | 146.7 | 3.0 |
| 其他 | 161.8 | 14.4 | 246.1 | 15.9 | 817.8 | 16.5 |
| 合计 | 1121.1 | 100 | 1545.9 | 100 | 4946.7 | 100 |

在技术层面上,国内报废机动车拆解业还处于起步阶段,报废机动车处理技术仍以手工拆解为主,这势必造成回收效率低、回收成本高以及资源利用率低,而且拆解过程不合理还会发生安全事故以及严重的环境污染,手工拆解还造成企业回收利润低,进而压低回收价格,造成报废汽车流入非法拆解市场。

针对报废机动车拆解业的现状,亟须对拆解工业的技术进行革新,以实现拆解机械智能化,从而开拓正规市场,提高我国资源利用率,实现绿色回收再利用。张深根等[4]发明了一种报废机动车智能化拆解系统及拆解方法。该拆解系统包括零部件识别与定位系统、危险零部件安全预处理系统、零部件拆解系统和转运系统。其拆解方法为:首先将报废机动车吊装置于拆解工位,判断其车型并建立空间坐标系,由X射线探测仪、CCD摄像机及CPU处理单元采集机动车零部件信息并判断其种类,记录位置信息;然后进行危险零部件处置及各零部件拆解;最后将零部件分类转运入仓。该发明采用智能化拆解系统和柔性拆解方法,适用于不同型号的报废机动车,并对拆解后的零部件进行分类。该发明具有智能化、高效、安全拆解报废机动车的优点,适合规模化生产,其拆解的流程如图2-1[4]所示。

报废机动车首先由吊装置于拆解工位并固定,以拆解工位为参照建立空间坐标系;再由X射线控测仪、CCD摄像机及CPU处理单元采集机动车型号及零部件信息,并判断机动车型号及各零部件种类,分别记录其位置信息;进而由机器人对机动车各零部件进行分类拆解,其中对危险零部件将进行提前处置;最后将拆解各部件分类转运至各仓库。该拆解流程及逻辑分析简述如下:

(1)零部件识别与定位系统包括:X射线探测仪和CCD摄像机,用于采集零部件形状、位置和材质的数据;机动车型号数据库及相应机动车零部件数据

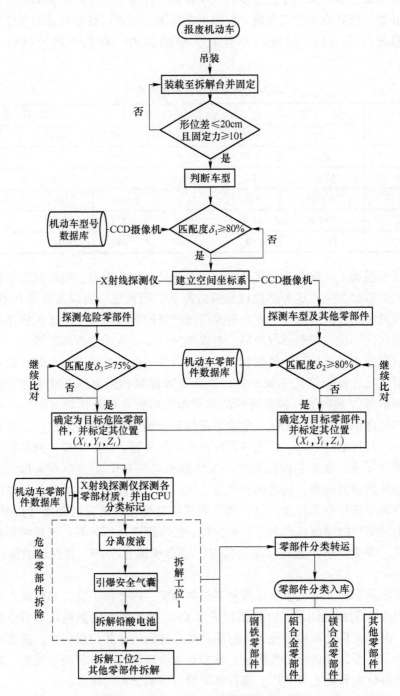

图 2-1   报废机动车智能化拆解流程图

库；CPU 处理单元，用于处理零部件形状和位置的数据并逻辑分析。

（2）危险零部件安全预处理系统包括：废液抽取机器人，用于报废机动车废液分离，将残余燃油、润滑油、冷却液安全分离；安全气囊引爆装置；蓄电池拆解装置。

（3）零部件拆解系统为关节型机器人，执行 CPU 指令，拆解零部件；关节型机器人由前后两臂、动力型关节及抓手构成。

（4）转运系统包括报废机动车装载装置、报废机动车固定装置、零部件转运带和货仓。

报废机动车智能化拆解方法包括：报废机动车装载与固定，零部件的识别、定位及分类，危险零部件安全预处理，零部件拆解，零部件转运与入仓。

（5）报废机动车装载与报废机动车固定方法为：将报废机动车吊装置于拆解工位并固定，报废机动车与拆解台形位差小于 20cm，固定力大于 10t。

（6）零部件的识别与定位方法为：首先，以拆解台的某一点为原点，建立空间坐标系，用以标定机动车及其零部件位置；其次，CCD 摄像机采集机动车和零部件的几何信息和空间坐标信息，经 CPU 处理，识别机动车型号和零部件种类；当几何信息与数据库中某一车型的几何参数匹配度不小于 80% 以及零部件匹配度不小于 80%，即为该车型和该零部件；否则，继续检索比对直至确认车型和零部件种类；再次，X 射线探测仪采集零部件材质信息，经 CPU 处理，确定危险零部件种类，当匹配度不小于 75% 时，确定为该危险零部件；危险零部件包括安全气囊、机动车油箱、电池。与此同时，CPU 处理器将所探测得出的各零部件材质信息进行分析，并按材质进行分类标记，以便分类转运。

（7）危险零部件安全预处理方法包括：第一，机动车废液分离，钻头从油箱底部挤入油箱，抽取废油，直到油滴不大于 5 滴/min；第二，安全气囊引爆，钻头从气体发生器中部钻入并由电子打火器引燃气体发生剂，安全气囊弹出，确认气体发生剂引爆完成；第三，蓄电池拆解，由机器手从蓄电池中间位置抓取蓄电池并拆除。

（8）机动车零部件拆解方法为：机器人首先依次拆解报废汽车的车门、后备箱盖、发动机盖、剪切顶盖，内座、仪表，然后拆解发动机、转向柱、变速器、离合器、悬架，最后拆解车轮、传动轴、驱动桥、传动桥。

（9）报废机动车零部件分类转运方法为：按材质进行转运入库，分别进入钢铁零部件库、铝合金零部件库、镁合金零部件库、危险零部件库和其他零部件库。

该发明针对报废机动车拆解提出了有效的机械智能化拆解方法，有效地提高了拆解效率，降低了回收成本，更有利于实现产业规模化；在拆解过程中就按材质对各零部件进行分类，降低了后续工作的难度，提高了工作效率；解决了以手工拆解方法的价值资源回收利用率低及造成严重二次污染的问题。

### 2.3.1.2　废旧电子电器拆解

废旧电子电器中含有多种金属、塑料、玻璃、有机玻璃和化学品等，极具回收价值。根据美国环保局统计，与铁矿石为原料相比，由废旧家电中回收废钢铁材料可减少97%的原矿开采废物、86%的空气污染、76%的水污染、40%的用水量，可节约90%的原材料和74%的能源。

部分废旧电子电器的拆解步骤和回收流程见表2-6[5]。

**表2-6　部分废旧电子电器的拆解步骤和回收流程**

| 品种 | 拆解步骤 | 分类回收 |
|---|---|---|
| 洗衣机 | 外壳→电器系统拆卸→脱水系统拆卸→洗涤系统拆卸→其他零件拆卸 | 外壳：回收塑料和金属材料<br>传动件和固定件：回收塑料、橡胶、金属材料<br>其他零部件分类回收 |
| 电冰箱 | 回收氟利昂→拆卸外壳→拆卸制冷系统管路和零件→拆卸电气控制系统→拆卸压缩机 | 外壳：回收塑料和金属材料<br>制冷系统：回收金属材料，氟利昂制冷剂应由专业人员回收<br>其他零部件分类回收 |
| 电视机 | 后盖→电路板→显像管→高频调谐器→扬声器→电源变压器→电位器 | 外壳：回收塑料和金属材料<br>电路板类：电路板上各元件分类回收<br>其他零部件分类回收 |
| 微波炉 | 外壳→炉门及组件→控制面板及开门机构→磁控管→变压器→风扇电机→电容器、二极管→转盘及组件→连锁装置 | 箱体：回收玻璃、塑料和金属材料<br>固定件类：回收金属、塑料<br>其他零部件，如变压器、磁控管等分类回收 |
| 空调器 | 室外机：拆外壳→回收氟利昂→拆压缩机→拆冷凝器→拆电机→拆机座→其余部分分类拆卸回收<br>室内机：拆外壳→蒸发器→铜导线→其余部分分类拆卸回收 | 室内外箱体：回收塑料和金属材料<br>电器控制系统：回收有色金属、硅钢、金属、塑料<br>空气循环系统：回收塑料、金属材料<br>制冷系统：回收有色金属、塑料、制冷剂等 |

部分废旧家电的零部件回收流程如下：

（1）废旧家电外壳。回收所有废旧家电的金属外壳都是生产破碎料和打包块的良好原料。经过破碎机加工，其堆密度可达$1t/m^3$，非常有利于配料和冶炼，配料可以用破碎料填充裂隙，增加密实度，冶炼可加快熔化速度，缩短冶炼周期，降低能源消耗，降低生产成本。家电外壳回收流程如图2-2[5]所示。

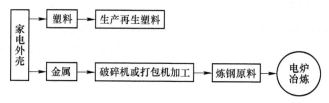

图 2-2 家电外壳回收流程[5]

（2）显像管回收流程如图 2-3[5] 所示。

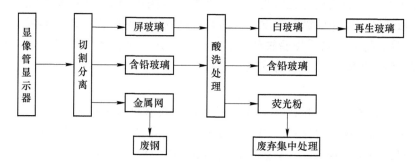

图 2-3 显像管的回收流程

（3）电机、压缩机回收流程如图 2-4[5] 所示。

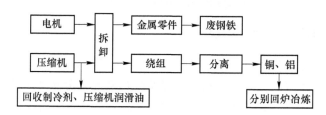

图 2-4 电机、压缩机回收流程

### 2.3.1.3 废旧船舶拆解

全球每年报废船舶大约在 3000 万重吨，约 600 万轻吨（1 轻吨 = 0.907 吨），经拆解后至少可获得 300 万吨废钢铁。废旧船舶的拆解不仅可增加钢铁的循环利用，还能有效保护海洋和其他水域环境。

A 船舶的拆解工艺流程

（1）准备工作：1）旧船进厂根据拆船厂水域情况选定停泊位置；2）合理编制清仓、拆卸舱室设备、船体拆解等计划，制定起重运输方案；3）清点验收贵重导航仪器、通信设备以及船舶机电设备的专用工具。

（2）拆解工艺的实施：1）清舱，将各类油舱、油柜及液压系统中的剩油和残油放到专用接受设备里，拆除易燃易爆危险品，由专业人员将各空调制冷系统的氟利昂抽到专用贮存容器；2）清除废船各房间、卫生间、厨房里的垃圾及可燃物品；3）拆除全船的木制品、工具及备品备件、保温材料等；4）检测油舱的含氧量是否在18%以上，拆解自上而下，从外向内进行拆除舱面设施，油箱、油罐、油管、电缆等应预先排空剩油、残油和油气，采用冷拆解工艺，禁止明火切割。

（3）主船体拆解：1）拆解过程中要始终保持船体平衡，先拆两头，然后逐渐向中部靠拢；2）上层建筑及船壳和大型设备解体，同样要先拆上后拆下，根据起重能力，凡是超重的先切割成一定重量的分块再吊运；3）要求船体保留足够的船舷高度，以保证纵向强度，且防止船体进水，同时保证水密隔舱，有足够的浮力和强度；4）最后将船底分割成小段，运到二次拆解现场进行进一步的细致分解，最后拆解尾轴、水轮和舵。

　　B　旧船舶解体后分类回收

（1）废钢铁材料造船所用的主要材料是钢铁材料及有色金属，其次是水泥、石棉等非金属材料。船体对所用钢材质量有特别的要求。船体用结构钢分为一般强度钢和高强度钢两类。一般强度钢分为A、B、D、E四个等级；高强钢分为三个强度级别。在回收钢铁材料时可按照使用的不同钢材进行分别回收与存放。

（2）旧船机电设备旧船拆下的机电设备种类繁多，其中有相当数量的机电设备还有利用价值，必须注意保持完整配套，分类入库。

## 2.3.2　废钢铁破碎、分选、打包

经过拆解得到的废钢铁材料有的尺寸大，不便于回炉冶炼，必须进一步破碎。废钢铁通常含有大量的非钢材料，必须经过破碎、分选等处理，方便后续循环利用。破碎是将大块的废钢铁切割成所需要尺寸。常用的破碎方法有氧气切割、机械切割、锤式破碎和颚式破碎等。常用的分选方法有磁力、重力、涡流和X荧光等。磁力分选将铁磁性和非铁磁性金属材料分离，可实现废钢铁与有色金属的分选。

### 2.3.2.1　废钢铁破碎

利用废钢铁的鉴别方法、分类及规格标准，将废钢和废铁分开，然后根据废钢和废铁的化学成分和用途进行分选归类。在此基础上，把不符合生产要求的废钢铁单独分选出来，进行再次加工；超重废钢和长尺寸废钢进行破碎；大件铸铁进行锤式破碎或人工劈解；型材和板材的边角余料按生产要求剪切成一定尺寸的合格材料；轻薄废钢、废铁屑等进行打包压块。

（1）氧气切割也称气割，采用高温氧焰焰对废钢铁进行解体，使其达到规定的尺寸。气割是我国在废钢铁回收加工、废车、废船、废家电拆解当中应用最广泛、最普遍的方法。

（2）剪切。为了把长尺寸废钢和大块废钢变为适合于炼钢的炉料和供轻工生产的原料，除采用氧气切割外还可采用剪切的方法。剪切机按传动形式可分为机械传动和液压传动两类。液压传动有固定式、半自动式和自动式三种。通过智能控制系统来优化剪切工艺次序。在冲压机和剪切气缸内集成着非接触式的路径测量传感器，通过激光控制器来控制气缸推进器，并且在汽缸盖和底的电线区域装有可旋转定位器，控制系统不断检测和优化压制和切削过程。针对不同类型的废料有许多不同的加工程序，可以通过按钮来进行选择，例如全冲程、局部冲程、相对冲程和打捆按钮。整个电器控制系统、电动机或柴油机预装在箱式容器中，对关键的零件进行保护，免受天气和机械造成损伤。剪切力可达 10~1000t，每小时处理能力可达 20~50t。

（3）破碎。废钢铁破碎包括钢屑破碎、废钢铁铸件落锤破碎和爆破法。

1）钢屑破碎。机械加工产生下来的团状钢屑，不便于投炉炼钢，采用机械破碎的方法，可把机械加工过程产生的团状钢屑破碎成 100 mm 左右的短屑。目前，常见的钢屑破碎机有对辊式和锤式两种，其产品与钢屑热压块相比具有烧损低、能耗低、可节省运输成本等优点。

2）落锤破碎是以重力加速度的方式破碎大件废钢铁的加工方法，适合加工大块易碎物料。主要用于破碎钢锭模、机床底盘、废轧辊、废铸铁大件以及含碳量较高的铸钢废件、钢渣等。

3）爆破法是借助炸药爆炸来进行废钢铁件的解体的方法，适合破碎在事故中产生的大钢铁坨或大轧辊类的大工件。爆破法一般采用地下爆破坑进行爆炸破碎，爆破坑底部与四周先用钢筋筑起，再在底部和四周用嵌入大块钢锭或钢坯，坑深 4m 左右，宽 5m 左右，长 5~10m。需要破碎的大件废钢铁先进行打眼，然后吊运到坑内安装炸药，坑上用厚度在 200mm 以上的钢板盖好，开始爆破。爆破后清理出合格料运往炼钢车间，余下不合格的大块废钢铁再进行加工处理。

4）颚式破碎用于破碎废铸铁等，将大块破碎到要求的尺寸便于回炉冶炼。

### 2.3.2.2 废钢铁分选

早期废钢铁以人工为主、机械为辅的分选，误选率高、尤其难以准确高效分离报废机动车中的有色金属材料，且分选效率低、安全隐患大。针对上述问题，张深根等[6]发明了一种报废机动车破碎后金属材料的分选方法，采用磁力、重力、涡流和 X 荧光对破碎的金属材料进行分选。首先采用磁力分选将废钢铁和非铁磁性金属材料的分选，然后采用重力分选将轻重有色金属分选，再采用涡流分选实现铜锌的分选，最后采用 X 荧光实现铝镁的分选，其工艺流程如图 2-5 所示。该发明具有流程短、自动化程度高、精细化高效分选的优点，可分别得到钢铁、铜、铝、锌、镁等金属材料。

该发明实现了报废机动车破碎的金属材料智能化分选，科学合理地运用磁

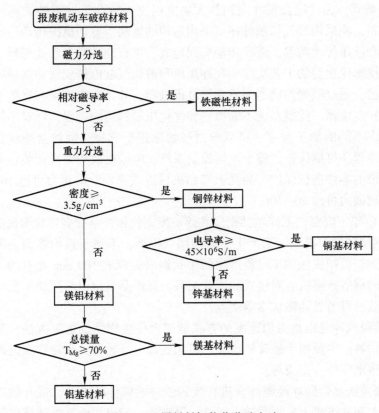

图 2-5   金属材料智能化分选方法

力、重力、涡流和 X 荧光等分选技术分选金属材料中的废钢铁、铜、铝、锌和镁。分选方法具体步骤如下：

（1）将报废机动车破碎后的金属材料进行磁力分选，分选出铁磁性材料和非铁磁性材料；其中铁磁性材料为钢铁，非铁磁性材料为铜、锌、铝、镁有色金属。

（2）将步骤（1）中的非铁磁性材料进行重力分选，分选出密度较大的铜锌材料和密度较小的镁铝材料。

（3）将步骤（2）得到的铜锌材料进行涡流分选，分选出铜基和锌基材料。

（4）将步骤（2）得到的镁铝材料经 X 荧光分选出镁基和铝基材料。

进一步地，所述步骤（1）中应用磁选机进行磁力分选，分选获得相对磁导率大于 5 为铁磁性材料，及相对磁导率不大于 5 为非铁磁性材料。

进一步地，所述步骤（1）中应用电磁磁滚筒式磁选机分选装置，进行磁力分选，磁导率大于 5 为铁磁性材料被磁选机捕获，当被捕获铁磁性材料随着滚筒旋转到达电磁线圈组的尽头时，失去磁力自然下落至铁磁性材料收集料斗中。

进一步地，所述步骤（2）中应用重介质旋流器进行重力分选，分选获得密度不小于 $3.5g/cm^3$ 的铜锌材料，以及密度小于 $3.5g/cm^3$ 的铝镁材料。

进一步地，所述步骤（2）中将非磁性材料与硅铁配制密度为 $3.5g/cm^3$ 的重介质原料输送至重介质旋流器的高位槽，所述待分选的非磁性材料与重介质的质量比为1：12，通过重介质旋流器的离心力进行重力分选，在旋流器底端沉降口得到密度不小于 $3.5g/cm^3$ 的铜锌混合料，在旋流器上端溢流口得到密度小于 $3.5g/cm^3$ 铝镁混合料。

进一步地，所述步骤（3）中进行涡流分选，获得电导率不小于 $45×10^6S/m$ 的为铜基材料，电导率小于 $45×10^6S/m$ 的为锌基材料。

进一步地，所述步骤（4）中通过布料厚度刷调整物料厚度后，通过 X 荧光进行分选，总镁量 $T_{Mg} \geqslant 70\%$ 为镁基材料，总镁量 $T_{Mg} < 70\%$ 为铝基材料。

该发明具有精准、高效、智能化等优点，解决了传统的误选率高、成本高和二次污染严重等问题，可有效分选各类金属材料，经济和社会效益显著。

### 2.3.2.3 废钢铁打包

为了减少钢铁屑和轻薄废钢的体积、提高密度，工业上还会采用打包压块的方法将钢铁屑和轻薄料加工成一定规格的合格炉料。常用的打包方法主要有夹板锤打包、丝杠机械打包、摩擦压力机压块、液压机械打包、液压机械压块等。

（1）夹板锤打包适用于资源少、交通不方便的边远城镇小批量加工钢铁屑和轻薄料。夹板锤使用圆钢或钢管作锤杆，与锤头连接，用电动机经减速机带动两个中间凹形的辊子做反向的转动夹持锤杆，靠摩擦力使锤杆提升。当升到 5m 左右时，由于偏心机构的作用，辊横向移动，松开锤杆，锤头自由下落，冲击钢模中的钢屑或轻薄料，反复打击数次，将加热的钢屑打成具有一定密度的块状。夹板锤打包法具有结构简单、易于维修、投资小等优点，但劳动强度大、噪声大、打包的密度和表面粗糙度难以控制等缺点在一定程度上限制了它的发展。

（2）丝杠机械打包是一种利用丝杠传动所产生的推力，将压缩室内的加工原料分别从纵横两个方向压缩成块的方法，主要用于打包加热的钢屑和轻薄料。该工艺的优点是结构简单、易于维修、操作方便、热压钢屑的质量较好；缺点是压力控制差、包块不均匀、不能挤压硬料、传动部分磨损大、冷打包的密度低等。

（3）摩擦压力机压块是一种以转动的摩擦轮带动丝杠上下运动进行冲压的方法，主要用于碎钢屑压块和铁屑压块。

（4）液压机械打包是一种应用液压传动原理，通过工作油缸活塞杆的直线往复运动进行打包作业的方法，主要用于轻薄料冷打包加工。该工艺具有压力大、传动平稳、生产效率高、压块质量好等优点。

（5）液压机械压块是一种通过液压传动使顶杆向模内推进，压缩钢屑或铁屑成块（一般是短圆柱体）的方法，主要用于处理短钢屑、铁屑等轻薄料。

# 2.4　废钢铁循环利用技术

　　废钢铁再利用技术主要包括电炉炼钢、雾化制粉和其他技术。电炉炼钢是再生钢铁最重要的技术，被世界各国广泛应用。雾化制粉技术是将废钢铁进行熔炼、高压水雾化、冷却得到铁合金粉末。针对钢铁冷轧含油铁泥，采用低温蒸馏—还原法制备铁合金粉。

### 2.4.1　废钢铁电炉炼钢

　　电炉炼钢主要是指电弧炉炼钢，是目前国内外生产特殊钢和再生钢的主要方法。世界上90%以上的电炉钢是电弧炉生产的，还有少量电炉钢是由感应炉、电渣炉等生产的。通常所说的电弧炉，是指碱性电弧炉。

　　电弧炉主要是利用电极与炉料之间放电产生电弧发出的热量来炼钢，其优点是：

　　（1）热效率高，废气带走的热量相对较少，其热效率可达65%以上。

　　（2）温度高，电弧区温度高达3000℃以上，可以快速熔化各种炉料。

　　（3）温度容易调整和控制，可以满足冶炼不同钢种的要求。

　　（4）炉内气氛可以控制，可去磷、硫，还可脱氧。

　　（5）设备简单，占地少，投资省。

　　废钢铁电炉炼钢的主要工序包括：

　　（1）熔融废钢铁，并调整钢液温度。

　　（2）调整钢中磷、碳、氧、硫等元素的含量。

　　（3）加入合金元素，将钢液中各合金元素调整至目标牌号合金钢的规定范围内。

　　（4）去除有害气体及非金属夹杂物。

### 2.4.2　电弧炉简介

　　电弧炉设备的分类方法大致可分为如下几类：

　　（1）按炉衬耐火材料的性质，可分为酸性电弧炉和碱性电弧炉。

　　（2）按电流特性，可分为交流和直流电弧炉。

　　（3）按功率水平，可分为普通功率、高功率和超高功率电弧炉。

　　（4）按废钢预热方式，可分为竖炉、双壳炉和炉料连续预热电弧炉等。

　　（5）按出钢方式，可分为槽式出钢、偏心底出钢（EBT）、中心底出钢（CBT）以及水平出钢（HOT）电弧炉等。

（6）对于直流电弧炉，按底电极形式可分为触针式、导电炉底式及金属棒式直流电弧炉。

电弧炉炼钢设备主要包括炉体、机械设备和电气设备三部分，如图 2-6[1]所示。

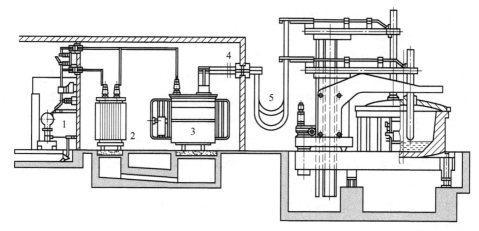

图 2-6　电弧炉设备布置示意图

1—高压控制柜（包括高压断路器、初级电流互感器与隔离开关）；

2—电抗器；3—电炉变压器；4—次级电流互感器；5—短网

### 2.4.2.1　电弧炉炉体

电弧炉炉体由金属构件、耐火材料砌筑成的炉衬两部分组成。炉体的金属构件包括炉壳、炉门、出钢机构、炉盖圈和电极密封圈等。炉壳包括圆筒形炉身、上部加固圈和炉壳底，通常选用厚度为炉壳外径 1/200 左右的钢板焊接而成。炉门由金属门框、炉门和炉门升降机构组成。电弧炉常用的炉衬材料有镁砖、白云石砖、高铝砖或镁砂打结层等。

### 2.4.2.2　电弧炉机械设备

电弧炉机械设备包括电极升降机构、倾动机构和炉顶装料系统等。

（1）电极升降机构。由电极夹持器、横臂、立柱及传动机构等组成，用于夹紧、放松、升降电极和输入电流。电极夹持器多采用铜或内衬铜质的钢夹头，电极夹持器的夹紧常用弹簧（碟簧），而放松则采用气动或液压。碟簧与气缸可装在电极横臂的上方或侧部，横臂可用来支持电极夹头和布置二次导体。近年来，在超高功率电弧炉上出现一种新型横臂，称为导电横臂。导电横臂有铜—钢复合水冷导电横臂（覆铜臂）和铝合金水冷导电横臂（铝合金臂）两种，断面形状为矩形，内部通水冷却。由于直流供电没有集肤效应，因此，铝合金臂在直流电弧炉中得到了广泛应用。

（2）倾动机构。目前广泛采用摇架底倾结构，由两个摇架支撑在相应的导轨上，导轨与摇架之间有销轴或齿条防滑、导向。

（3）炉顶装料系统。根据炉盖与炉身相对运动方式的不同，炉顶装料系统可分为炉盖旋转、炉盖开出、炉身开出三种形式，以炉盖旋转式用得较多。

### 2.4.2.3 电弧炉电气设备

电弧炉电气设备包括主电路设备和电控设备。

（1）主电路设备。由高压电缆至电弧炉电极的一段电路，称为电弧炉的主电路。一般电炉炼钢车间的供电系统有两个，一个系统由高压电缆直接供给电炉变压器，然后送到电弧炉上，这段线路称为电弧炉的主电路；另一个系统由高压电缆供给工厂变电所，再送到需要用电的其他低压设备上，这也包括电弧炉的电控设备，如高压控制柜、操作台及电极升降调节器等。

（2）电控设备。包括高、低压控制系统及其相应的台柜、电极自动调节器等。高压控制系统的基本功能是：接通或断开主回路及对主回路进行必要的保护和计量。电炉的低压控制系统由低压开关柜、基础自动化控制系统（含电极自动调节系统）、人机接口相应网络组成。电极自动调节系统包括电极升降机构与电极自动调节器。

## 2.4.3 废钢铁电炉炼钢的过程

废钢铁电炉炼钢工序包括配料、装料、熔化、氧化、还原、出钢等阶段。

### 2.4.3.1 配料

为获得较好的经济技术指标，需调整炉料中碳、硅、锰、磷、硫、铬等元素含量。

（1）碳：废钢中碳含量（质量分数）在熔化期约有 0.2%~0.3% 的烧损（吹氧助熔约 0.3%）。因此，废钢电炉熔炼中配碳量应比所炼钢种成分下限高 0.5%~0.7%。

（2）硅：炉料全熔后，钢液中硅含量（质量分数）不大于 5%，硅含量过高会增大渣量，延缓氧化沸腾，使脱碳速度减慢。

（3）锰：炉料全熔后，钢液中锰含量（质量分数）不大于 0.2%。

（4）磷、硫：炉料全熔后，磷含量（质量分数）不大于 0.06%，硫含量（质量分数）不大于 0.08%。

（5）铬：炉料全熔后，钢液中铬含量（质量分数）不大于 0.30%。铬含量过高，经氧化生成的三氧化二铬产物进入炉渣，使炉渣变黏，阻碍脱磷和脱碳反应的正常进行，并增加矿石、氧气的消耗。

（6）镍、钼、铜：由于这些元素不易氧化去除，钢液中含量（质量分数）均小于 0.2%。

### 2.4.3.2 装料

装料会直接影响炉料熔化速度、合金元素烧损、电能消耗和炉衬寿命。因此，尽可能一次装完，或采用先多加后补加的方法装料。电炉一般采用炉顶装料，装料时必须将大、中、小块料合理布料。一般先在炉底上均匀地铺一层石灰保护炉底，同时可提前造渣，约为装料量的2%~3%。如果炉底上涨，可在炉底上加适量矿石、氧化铁皮或萤石洗炉，炉底上涨严重时可直接吹氧去除，石灰则在熔化末期补加。如果炉底正常，在石灰上面铺小块料，约为小块料总量的1/2，以免大块料直接冲击炉底。若用焦炭或碎电极块作增碳剂，可将其放在小块料上，以提高增碳效果。小块料上再装大块料和难熔料，并布置在电弧高温区，以加速熔化。在大块料之间填充中、小块料，以提高装料密度。中块料一般装在大块料的上面及四周，不仅可填充大块料周围空隙，也可加速靠炉壁处的炉料熔化。最上面再铺剩余的小块料，为的是使熔化初期电极能很快"穿井"，减少弧光对炉盖的辐射。穿井后因有难熔的大块炉料存在，既可使电极缓慢下降，避免电弧烧伤炉底，又使电弧在炉料中埋弧时间增长，能很好地利用电能。大块炉料装在下部，使下部炉料比上部密实，有助于消除"搭桥"现象。若用生铁块或废铁屑作增碳剂，则应装在大块炉料或难熔炉料上面。若有铁合金随料装入，则应根据各种合金的特点分布在炉内不同位置，以减少合金元素的氧化和蒸发损失，如钨铁、钼铁等不易氧化难熔的合金，可加在电弧高温区，但不应直接加在电极下面；对高温下容易蒸发的合金，如铬铁、金属镍等应加在电弧高温以外靠炉坡附近。料罐布料情况如图2-7[7]所示。

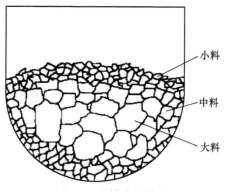

图 2-7 料罐布料情况

### 2.4.3.3 熔化期

电炉冶炼时，熔化期约占全炉冶炼时间的50%~70%，熔化期电耗约占冶炼总电耗的60%~80%。炉内炉料熔化过程大致可分为四个阶段[7]，如图2-8所示，与之相应的各个阶段供电变化见表2-7[3]。

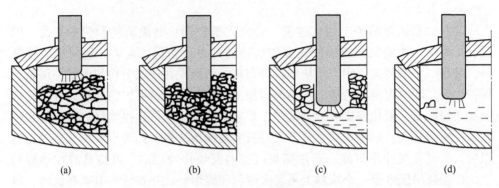

图 2-8 熔化过程示意图

(a) 起弧；(b) 穿井；(c) 主熔化；(d) 熔末升温

**表 2-7 炉料熔化过程与操作**

| 熔化过程 | 电极位置 | 必要条件 | 方 法 | |
|---|---|---|---|---|
| 起弧期 | 送电→$1.5d_{电极}$ | 保护炉顶 | 较低电压 | 炉顶布轻废钢 |
| 穿井期 | $1.5d_{电极}$→炉底 | 保护炉底 | 较高电压 | 石灰垫底 |
| 主熔化期 | 炉底→电弧暴露 | 快速熔化 | 最高电压 | |
| 熔末升温期 | 电弧暴露→全熔 | 保护炉壁 | 低电压、大电流 | 炉壁水冷+泡沫渣 |

### 2.4.3.4 氧化期

当废钢铁等炉料完全熔化并达到氧化温度、磷脱除不小于 70% 时进入氧化期。氧化起始温度应高于钢液熔点 50~80℃。氧化期的主要任务是去磷和脱碳，主要工艺包括矿石氧化法、吹氧氧化法和综合氧化法。

(1) 矿石氧化法：是一种间接氧化法，利用铁矿石中高价氧化铁（$Fe_2O_3$ 或 $Fe_3O_4$）加入熔池后转变成的低价氧化铁（FeO），氧化钢液中的碳和磷。工艺流程为：熔化→提温→造渣→加矿（分 2~3 批加入，加矿量占金属料重的 3%~4%）→扒渣（扒去 1/3~1/2 氧化渣）→碳含量（质量分数）0.2%，加入 0.2% 左右的锰→沸腾 10min→扒去氧化渣。

(2) 吹氧氧化法：是一种直接氧化法，通过直接向熔池吹入氧气，氧化钢液中的碳等元素。相比矿石氧化，采用吹氧氧化法处理后的熔池更易趋于稳定，熔池温度高，钢液中 Cr、Mn 等元素的氧化损失低，但不利于脱磷。

(3) 综合氧化法：是指氧化前期加矿石、后期吹氧的氧化工艺。前期加矿，可使熔池保持均匀沸腾、自动流渣，使钢中的磷含量顺利去除到 0.015%（质量分数）以下。后期吹氧，可提高脱碳速度、缩短氧化时间、降低电耗，使熔池温度迅速提高到规定的氧化末期温度，也有利于钢中气体和夹杂物的排除，减少钢中残余过剩氧含量。

### 2.4.3.5 还原期

还原期是从氧化末期扒渣完毕至出钢的阶段。还原期的主要目的有：

（1）使钢液脱氧，去除钢液中溶解氧量（质量分数不大于 0.002%）和氧化物夹杂。

（2）降低硫含量至规定范围，一般钢种小于 0.045%（质量分数），优质钢种为 0.02%~0.03%（质量分数）。

（3）调整钢液合金成分，确保成品钢中合金元素含量符合标准要求。

（4）调整炉渣成分，使炉渣碱度合适、流动性良好，有利于脱氧和除硫。

（5）调整钢液温度，确保冶炼正常进行并有良好的浇注温度。

脱氧：包括沉淀脱氧、扩散脱氧和综合脱氧。沉淀脱氧是直接在钢液中进行的强制性脱氧，速度很快且操作简便，但部分产物残留在钢液中，影响钢的纯净度；扩散脱氧又称间接脱氧法，一般用于电炉还原期或钢液的炉外精炼。扩散脱氧后钢液中夹杂物含量低，但脱氧速度慢、时间长；综合脱氧是在还原过程中交替使用沉淀脱氧与扩散脱氧，可充分发挥两者优点，是一种比较合理的脱氧制度。

温度：还原期的温度控制尤为重要，如温度过高会使炉渣变稀，还原渣不易保持稳定，钢液脱氧不良且容易吸气；温度太低，炉渣流动性差，脱氧、脱碳及钢中夹杂物上浮等都受到影响。此外，温度还会影响钢液成分控制，影响浇注操作与钢锭质量。

造渣：电炉炼钢还原期的炉渣碱度控制在 2.0~2.5，还原渣系通常采用炭—硅粉白渣或炭—硅粉混合白渣。熔炼高硫、磷的易切削钢时，应采用 $MgO\text{-}SiO_2$ 中性渣的还原精炼法。

### 2.4.3.6 出钢

为确保钢的质量和操作安全，出钢前必须具备以下条件：

（1）钢的化学成分符合控制规格范围。

（2）钢液脱氧良好。

（3）炉渣为流动性良好的白渣，碱度合适。

（4）钢液温度合适，确保浇注操作顺利进行。

（5）出钢口应畅通，出钢槽应平整清洁，炉盖要吹扫干净。

（6）出钢前应停止向电极送电，以防触电，并升高电极。

## 2.4.4 中重型废钢循环利用技术

中重型废钢先进行科学分类和加工处理，使其满足外形尺寸、密度和纯度等要求，然后进行电炉炼钢。下面以安钢 100t 电炉炼钢为例阐述，其废钢铁预处理工艺流程如图 2-9[8] 所示。

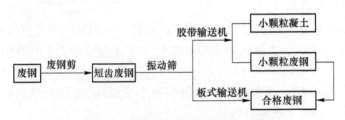

图 2-9   中重型废钢预处理工艺流程

首先，根据入炉废钢质量、设备加工能力等进行设备选型。上述 100t 电炉需加入 35%铁水、25%轻薄废钢和需人工处理的大型废钢，按每天 24h 生产，年工作 300d，年产量约 30 万吨。据此应选择剪切力为 1250t 的废钢剪；废钢从剪机机头经剪切落下，由小料斗滑入振动筛上，依靠其振动运动到板式输送机上，并将剪切下的废钢中的泥土等非金属杂质筛分出去，提高废钢的纯度。由于废钢剪的处理量为 40t/h，选用 60t/h 的振动筛即可满足要求；板式输送机布置在振动筛的筛上物出料端，可将筛出的废钢输送到堆料场地上。运行装置采用链轮驱动，链板采用 16Mn 钢板，上表面设隔板，防止废钢倒滑，利用尾部链轮移动调整张力，输送量为 60t/h。因此，选择 1500mm 板式输送机、胶带输送机可将振动筛的筛下物（泥土、小颗粒的废钢）输送到处理地点，胶带输送机的传动滚筒采用永磁滚筒，可采用输送量为 1t/h 的普通胶带输送机。

中重型废钢电炉炼钢过程如 2.4.3 节所述，此处不再赘述。

### 2.4.5   废特种钢循环利用技术

特种钢也称合金钢。在炭素钢中适量地加入一种或几种合金元素，使钢的组织结构发生变化，具有各种不同的特殊性能，如强度和硬度大、可塑性和韧性好、耐磨、耐腐蚀，以及其他许多优良性能。常见的特种钢的性能和用途如下：

（1）钨钢、锰钢：硬度很大，制造金属加工工具、拖拉机履带和车轴等。

（2）锰硅钢：韧性特别强，制造弹簧片、弹簧圈等。

（3）钼钢：抗高温，制造飞机的曲轴、特别硬的工具等。

（4）钨铬钢：硬度大、韧性很强，做机床刀具和模具等。

（5）镍铬钢（不锈钢）：抗腐蚀性能强、不易氧化，制造化工生产上的耐酸塔、医疗器械和日常用品等。

#### 2.4.5.1   废高速钢电炉循环利用技术

高速钢一般分为钨系和钨钼系合金钢，主要含有铬、钨、钼、钒等合金元素（质量分数约占 25%）。各种废高速钢废料循环利用工艺如图 2-10[9]所示。

由于含有大量的 W、Cr、Mo 等密度大、熔点高的合金元素，熔炼过程中易沉入熔池底部，很难熔化。因此，高速钢通常采用返回吹氧法冶炼。将钨铁、铬

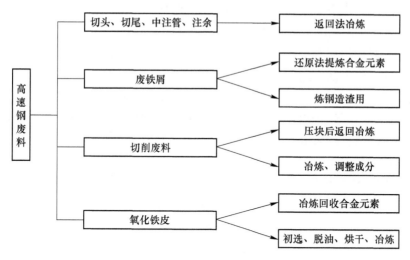

图 2-10　废高速钢循环利用工艺

铁随炉料一起装入炉内，还原期只加少量铁合金调整其成分。

　　废高速钢电炉炼钢过程如 2.4.3 节所述，此处不再赘述。

### 2.4.5.2　废高速钢感应炉循环利用技术

　　与电弧炉相比，感应炉是通过电磁感应现象及电热原理使电能变为热能。由于感应炉内的搅拌作用，有利于促进非金属夹杂物的上浮，同时有利于改善钢液化学成分、温度等的均匀性。此外，感应炉直接熔炼还具有熔化速度快、合金元素烧损低等优点。感应炉熔炼工序主要包括装料熔化、还原与成分调整等。

　　A　装料熔化

　　感应炉装料原则是上松下紧：下部力求装得紧密，使金属切割感应器的磁通面积最大，从而加快熔化速度；上部炉料必须装得松些，使熔化过程中炉料能自动下落，拨料也方便。熔炼时，炉子下部边缘的炉料和部分炉料的轮廓部分首先熔化，熔化的金属下滴到坩埚底部，逐渐形成熔池。中心部分炉料下沉入熔池，并在其中受热熔化。随着熔化的进行熔池不断上升，而固体料面逐渐下降，半熔的固体料与熔池始终保持接触或部分进入熔池。当固体熔料全部沉没于熔化的金属中时，开始加入石灰、萤石造渣。

　　B　还原与成分调整

　　炉料熔化后，将硅铁或锰铁或两者并用，加入熔池中进行沉淀脱氧。成分混合均匀后取样，然后用硅铁粉、炭粉渣进行还原。待炉渣造好后进行搅拌，并根据温度和熔渣状况作调整。如采用氧化锈蚀程度较高的废钢或锯屑末等为原料，熔化期炉渣量较多且氧化性较重，则在熔渣后应进行预还原。还原后期，如钢水成分合格，温度合适，炉渣良好，即可插铝进行终脱氧，插铝后搅拌、取样、停电扒渣；反之，则需要对钢水进行补料、冲淡等调整成分。

### 2.4.5.3　废不锈钢电炉循环利用技术

由于炉料的组成和冶炼操作的不同，铬镍不锈钢的冶炼方法各有不同，主要包括氧化法、装入法和返回吹氧法。氧化法的冶炼时间长，对炉体损伤严重，且不能利用返回料，成本较高，较少采用；装入法不能很好地解决碳、铬两元素夺氧的矛盾，在一般炼钢温度下用矿石进行氧化时，铬首先氧化烧损进入渣相，而碳含量仍未降低；随着氧气在电炉炼钢中的广泛应用，返回吹氧法成为电弧炉冶炼不锈钢的通用方法。

**A　炉体情况**

一般不锈钢用沥青炉底冶炼，超低碳不锈钢用卤水炉底（即无炭炉底）冶炼。补炉材料中不要掺入沥青，以免对钢液增碳。

**B　配料**

炉料主要由废不锈钢、低磷碳素返回钢、硅钢、高碳铬钢、镍等组成，配料成分如下：

（1）碳。配碳量过高，将延长吹氧时间，使铬烧损增大。一般配碳量（质量分数）在 0.30% 左右。

（2）硅。可在炉料中配入 $w(C) = 20\%$ 左右很低的变压器钢返回料，使炉料中硅（质量分数）达到 1.2% ~ 1.5%。熔化过程中，由于硅比铬易氧化，可降低铬的烧损。此外，硅氧化放出的热量可迅速提高钢液温度，为碳的提前氧化创造了条件。

（3）铬。炉料中配铬量过高，为了脱碳保铬必须提高吹氧的温度，吹氧结束时熔池温度过高会影响炉衬寿命；炉料中配铬量过低，又限制了废不锈钢的使用量，降低返回吹氧法回收合金元素的优越性。通常，配铬量（质量分数）为 10% ~ 12%。

（4）镍。镍与氧亲和力小，一般镍全部配入炉料中。

（5）磷。配料中 $w(P) \leqslant 0.025\%$。

**C　装料**

装料前在炉底先加入 2% 左右的石灰，使熔化渣有一定的碱度，可减少铬的烧损并保护炉衬。

**D　熔化期**

以大功率送电，大约在炉料熔化 80% 时开始吹氧。吹氧助熔过早，会增加铬的烧损。吹氧助熔以切割炉料为主，以减少铬的氧化。

**E　脱碳**

开始吹氧温度是脱碳保铬的关键，根据 [Cr]/[C] 比值与温度的关系来确定合适的吹氧脱碳温度，如炉料全熔后 $w(Cr) = 10\%$、$w(C) = 0.30\%$，则 $[Cr]/[C] = 33$，可求得平衡温度为 1630℃，所以开始吹氧温度应大于 1600℃。供氧速度是影响脱碳保铬能否顺利进行的重要因素，在实际生产中通常采用提高吹氧压力和增加吹氧管支数来提高供氧速度。吹氧压力一般控制在 0.8~1.2MPa，并采用双管吹氧或者多管齐吹。

F 富铬渣还原

吹氧脱碳过程中，会有铬和铁的氧化，渣中 $Cr_3O_4$ 可达 25%（质量分数）以上。吹氧脱碳停止后，立即向钢液中插铝，并加硅铬合金进行预脱氧。同时，加入一些石灰，以调整渣的碱度。预脱氧后应立即打开炉体，趁高温将所需的微碳铬铁一次从炉顶加入炉内，以利用过热钢液快速熔化铬铁，从而降低熔池温度，保护炉衬。随着渣中氧化铬的还原，炉渣的流动性逐渐变好，而颜色逐渐由绿色变为浅黄绿色，充分搅拌、扒渣后，进行精炼。

G 精炼

精炼期的中心任务是脱氧和调整成分。根据钢中含硅量，分别加入硅钙粉或铝粉继续脱氧。调整成分时需注意 $[Cr]/[Ni]$ 和 $[Ti]/[C]$ 比值的控制。通常铬含量控制在中下限，镍含量控制在中上限较好。

## 2.4.6 含油铁泥制备铁合金粉技术

含油铁泥是带钢冷轧工序中对带钢表面清洗、过滤分离得到的黑褐色稠泥状物。轧辊与带钢间由于摩擦会产生细小的铁合金粉末，经清洗后，铁合金粉末与清洗液和乳化液一起进行磁性过滤、离心分离得到含油铁泥，其产生量为带钢产量的 0.1%~0.5%。含油铁泥成分复杂（见表 2-8），除铁合金粉末外，还含有轧制油、乳化液、水等，铁合金粉末与油相难以分离，如处置不当，会造成环境污染。

表 2-8 含油铁泥（干态）的成分 　　　　　($w/\%$)

| Fe | Ni | Mn | Cr | Si | V | 油分 | 水分 | 其他 |
|------|-------|------|-------|-------|-------|------|------|-------|
| 70.6 | 0.049 | 0.18 | 0.065 | 0.058 | 0.024 | 17.4 | 0.8 | 10.82 |

含油铁泥含有 70.6%（质量分数）的 Fe 和 Mn、Cr、Ni 等其他金属元素，含油量 17.4%，粉末粒度 10μm 左右，且团聚严重，如图 2-11 所示。

2.4.6.1 含油铁泥蒸馏除油技术[10]

为去除含油铁泥中的水和油分，采用 TG-DSC 分析确定蒸馏工艺参数。图 2-12 为热重曲线。

从图 2-12 可以看出，失重主要分为三个阶段，即 92.5~243.2℃、243.2~

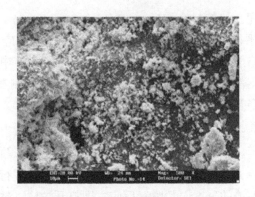

图 2-11   含油铁泥形貌（SEM）

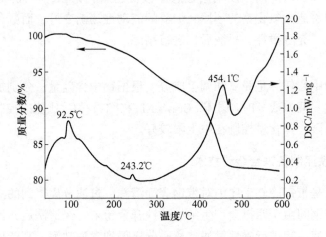

图 2-12   含油铁泥的 TG-DSC 曲线

400℃、400~454.1℃。第一阶段 92.5~243.2℃区间，失重为冷轧铁泥中水分的蒸发，失重 4%左右。DSC 曲线在 92.5℃的放热峰，可能是体系中少量氧气使样品中细小的铁粉氧化造成的；第二阶段 243.2~400℃区间，部分低沸点的油分开始被蒸馏、分离出来，TG 曲线斜率变大，失重 5%左右；第三阶段 400~454.1℃区间，400℃左右时，TG 曲线骤然下降，冷轧铁泥中含有的大量高沸点的油分开始被分离出来，当温度超过 450℃以上时，样品的重量随温度的升高不再发生大的变化。含油铁泥总失重 17%左右。

　　根据分析结果，选定含油铁泥水分的分离温度为 120℃，蒸馏脱油温度为 450℃以上。将含油铁泥放入旋转炉中，炉膛转速 50r/min，低真空下（真空度 5~100Pa）进行蒸馏脱油。首先将旋转炉的温度升高至 120℃，并保温 30min，以充分分离含油铁泥中的水分。接着以 10℃/min 的速度将炉温升高至所需的蒸馏温度，并保温不同的时间，不同脱油工艺下的实验结果如图 2-13 所示。

　　由图 2-13 可以看出，随着蒸馏温度升高、蒸馏时间延长，铁粉的残油含量逐渐降低。含油铁泥在600℃下真空蒸馏3h后，残油0.16%。当蒸馏温度升高到700℃，蒸馏3h时，残油0.156%。因此，含油铁泥蒸馏工艺参数为温度600℃、时间3h。

采用傅里叶变换红外光谱仪（FT-IR）分析蒸馏的液体产物，如图2-14和表2-9所示。3010~3700cm⁻¹（3435cm⁻¹）为宽而强的吸收峰，此为酚或醇的O—H伸缩振动峰；2924cm⁻¹和

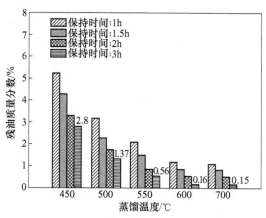

图2-13 不同脱油工艺下的处理效果

2854cm⁻¹处为饱和烃C—H键的伸缩振动吸收峰；1645cm⁻¹和1464cm⁻¹为苯环共轭C＝C双键的伸缩振动吸收峰，说明存在芳香族化合物；1377cm⁻¹为苯酚或者苯酚衍生物O—H的弯曲振动吸收峰；1161cm⁻¹为醇C—H的伸缩振动吸收峰；721cm⁻¹和966cm⁻¹为苯环C—H键外弯曲振动吸收峰，进一步说明蒸馏油的成分中含有苯环结构。FT-IR分析结果表明，含油铁泥的油分主要为苯酚及其取代物、饱和脂肪酸类有机物，可返回冷轧工序循环应用。

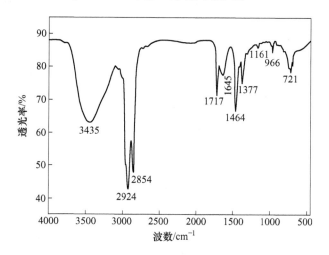

图2-14 冷轧铁泥真空蒸馏后油分的FT-IR分析

**表2-9 FT-IR分析结果**

| 波数/cm⁻¹ | 基　团 |
| --- | --- |
| 3435 | 羟基中O—H的伸缩振动 |

| 波数/cm$^{-1}$ | 基　团 |
|---|---|
| 2924，2854 | 甲基或亚甲基中 C—H 的伸缩振动 |
| 1717 | 饱和脂肪酸中 C＝O 的伸缩振动 |
| 1645，1464 | 芳烃族中 C＝C 的伸缩振动 |
| 1377 | 苯酚或苯酚衍生物中 O—H 的弯曲振动 |
| 1161 | 醇中 C—O 的伸缩振动 |
| 966，721 | 芳香族有机物中 C—H 的面外变形伸缩振动 |

　　根据上述的实验结果，提出液固分离的"分子动能平台逸出模型"[11]，如图 2-15 所示。蒸馏温度由物质的沸点决定，随着蒸馏温度的升高，含油固废中水相和油相的分子动能增大、液相表面张力变小、液相黏度降低。当温度达到100℃（水的沸点）时，水分子动能足够大，可以逃脱液相表面张力变为气态。在水相分馏时体系维持在 100℃直至水相完全分馏。体系温度继续升高到 A 油沸点，同理分馏 A 油。以此类推，分馏按水相、油相沸点由低到高依次分阶段进行，如图 2-15 所示。

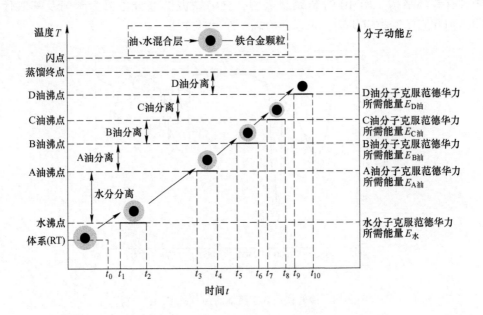

图 2-15　分子动能平台逸出模型

　　含油铁泥经真空蒸馏后得到灰黑色的粉末，经 XRD 检测为 Fe、FeO 和 $Fe_2O_3$，如图 2-16 所示，需后续还原得到总铁含量高、杂质少的优质铁合金粉。

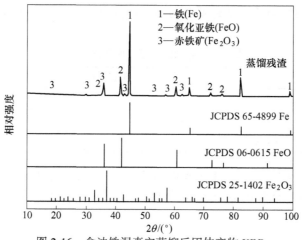

图 2-16 含油铁泥真空蒸馏后固体产物 XRD

### 2.4.6.2 含油铁泥制备还原铁粉技术[11]

还原铁粉是粉末冶金行业最重要的原料之一。以含油铁泥为原料，采用"低温真空蒸馏+还原"工艺制备还原铁粉，实现高值化利用。

将含油铁泥脱油得到的粉体与焦炭粉交替分层装入黏土罐中，在还原隧道窑中进行 1000℃ 还原 40h。含油铁泥炭还原后的产品经破碎、筛分得到还原铁粉，化学成分测试结果见表 2-10。

表 2-10 含油铁泥炭还原后化学成分 （$w$/%）

| 名　称 | 测试指标 | | | | | | | |
|---|---|---|---|---|---|---|---|---|
| | TFe | C | Si | Mn | P | S | 氢损 | 酸不溶物 |
| 冷轧铁泥 | 96.28 | 0.79 | 0.16 | 0.17 | 0.014 | 0.1 | 1.17 | 0.19 |

采用氢气还原可获得纯度更高的还原铁粉。图 2-17 为不同还原温度下还原铁粉的总铁量。随着还原温度的升高，产品的全铁含量逐渐提高。900℃ 还原 2h，还原铁粉总铁量 98.8%。

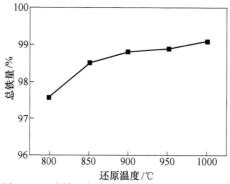

图 2-17 总铁量与还原温度关系 （还原 2h）

由表 2-11 可以看出，氢还原铁粉的质量符合 GB/T 4136—1994 中 FHY80.25 牌号产品的要求。

表 2-11 含油铁泥氢还原后化学成分 （w/%）

| 名 称 | 测试指标 | | | | | |
|---|---|---|---|---|---|---|
| | TFe | C | Si | Mn | P | S |
| 冷轧铁泥 | 98.8 | 0.05 | 0.12 | 0.17 | 0.01 | 0.03 |
| FHY80.25 | ≥98.50 | 0.05 | 0.15 | 0.40 | 0.03 | 0.03 |

综上所述，采用"低温真空蒸馏+氢气还原"的方法处理冷轧铁泥，可以制备出质量符合国标要求的还原铁粉，同时可以回收冷轧铁泥中的油分，避免环境的污染。

### 2.4.7 含油铁泥制备铁氧体技术

将含油铁泥真空蒸馏得到的固体产物在 XCGS-73 型湿式磁选管中磁选 3 次，磁选机磁场 0.24T。磁选后的粉体经过滤、烘干后装入旋转炉中。向旋转炉中通入空气，保持转速为 50r/min，控制炉温以 10℃/min 的速度从室温升至所需的氧化温度，并保温一段时间。不同氧化焙烧工艺对氧化铁产品纯度、颜色的影响分别如图 2-18 和表 2-12 所示。

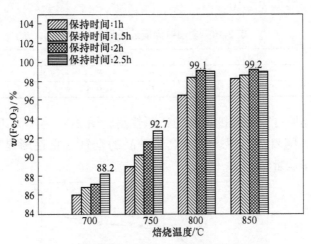

图 2-18 不同氧化焙烧工艺氧化铁粉体的纯度

表 2-12 不同焙烧工艺下氧化铁粉体的颜色和纯度

| 焙烧温度/℃ | 焙烧时间/h | 颜色 | 纯度/% |
|---|---|---|---|
| 700 | 2.5 | 土红 | 88.2 |
| 750 | 2.5 | 深红 | 92.7 |

| 焙烧温度/℃ | 焙烧时间/h | 颜色 | 纯度/% |
|---|---|---|---|
| 800 | 2.0 | 深红 | 99.1 |
| 800 | 2.5 | 黑红 | 99.0 |
| 850 | 2.0 | 黑红 | 99.1 |
| 850 | 2.5 | 黑红 | 99.2 |

由图 2-18 和表 2-12 可以看出，随着焙烧温度及焙烧时间的提高，产品中氧化铁含量逐渐提高，产品的颜色也从 700℃时的土红色变为 850℃时的黑红色。800℃下氧化焙烧 2h 的样品相比 750℃下氧化焙烧的样品，样品中氧化铁含量（质量分数）从 92.7%提高到了 99.1%，氧化铁含量增加明显。当继续提高氧化焙烧温度至 850℃、延长焙烧时间至 2.5h，样品中氧化铁含量（质量分数）略有增加（99.2%）。因此，综合考虑，800℃焙烧 2h 为较优的氧化焙烧工艺。

800℃焙烧 2h 得到的氧化铁粉经滚筒球磨机水介质球磨（球料比 5∶1）2h 后的 XRD 和激光粒度分布如图 2-19 和图 2-20 所示。

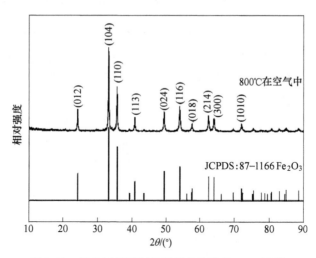

图 2-19　优化工艺下制备的氧化铁粉的 XRD 图谱

由图 2-19 和图 2-20 可以看出，优化工艺下样品为氧化铁纯相，且样品平均粒度为 2.14μm。该氧化铁粉可应用于印染、化工、磁性材料等行业，具有很好的市场前景。

为进一步优化用于锶铁氧体预烧料的氧化铁粉焙烧工艺，将 800℃下氧化焙烧不同时间后得到的 4 种氧化铁粉分别与 $SrCO_3$ 按照 $Fe_2O_3/SrCO_3$ 摩尔比 6.0 混合球磨 6h 后，在 1150℃下流动空气气氛中焙烧 2h，分别制备了锶铁氧体预烧料样品。不同氧化焙烧时间样品的饱和磁化强度见表 2-13。

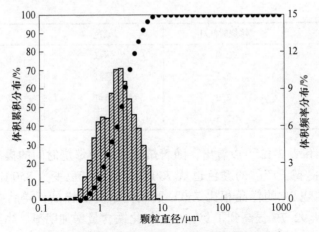

图 2-20　优化工艺下氧化铁样品的激光粒度分布

表 2-13　不同氧化焙烧时间样品的饱和磁化强度

| 时间/h | 1.0 | 1.5 | 2.0 | 2.5 |
|---|---|---|---|---|
| $w(Fe_2O_3)/\%$ | 96.5 | 98.4 | 99.1 | 99.0 |
| $Ms/A \cdot m^2 \cdot kg^{-1}$ | 57.03 | 57.05 | 56.81 | 56.32 |

　　由表 2-13 可以看出：800℃下焙烧 1.0h 和 1.5h 的锶铁氧体预烧料 $Ms$ 相当，但随着氧化焙烧时间的延长，锶铁氧体预烧料 $Ms$ 稍有下降。综上所述，含油铁泥制备锶铁氧体预烧料优化的工艺为 800℃焙烧 1h。

　　为研究 $Fe_2O_3/SrO$ 摩尔比 $n$ 对锶铁氧体预烧料物相组成、形貌、磁性能等的影响，固定 $Fe_2O_3$ 和 SrO 的球磨时间为 6h、预烧温度 1200℃、预烧时间 2h，$n$ 从 5.4 变化到 6.0。不同 $Fe_2O_3/SrO$ 摩尔比制备的锶铁氧体预烧料 XRD 如图 2-21 所

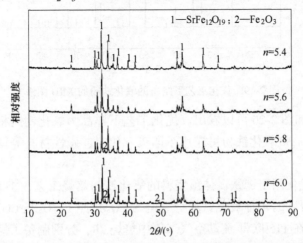

图 2-21　不同 $Fe_2O_3/SrO$ 摩尔比制备的锶铁氧体预烧料 XRD

示。可以看出，$n=6.0$ 时样品中有少量的 $Fe_2O_3$ 存在，$n=5.6$ 时样品为 $SrFe_{12}O_{19}$ 纯相。这是由于：$SrCO_3$ 和 $Fe_2O_3$ 混合球磨过程中，磨球的磨损会造成混合料中 Fe 含量的增多。

图 2-22 为不同 $Fe_2O_3/SrO$ 摩尔比下制备的样品 SEM。由图可以看出：随着 $Fe_2O_3/SrO$ 摩尔比 $n$ 的增大，四种样品的颗粒尺寸呈现先减小后增大的趋势，$n=5.4$ 样品的颗粒尺寸明显要大于其他 3 个样品；$n=5.6$ 样品颗粒分布均匀，颗粒尺寸最小；$n=5.8$ 样品的颗粒尺寸相比较 $n=6.0$ 的有所增加，且 $n=5.8$ 样品的颗粒均匀性较 $n=6.0$ 样品的高。

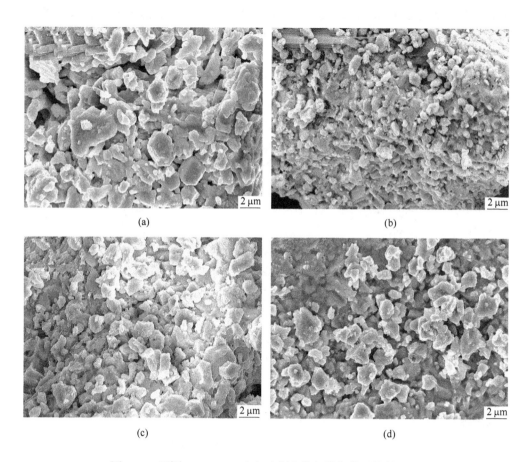

(a)　(b)　(c)　(d)

图 2-22　不同 $Fe_2O_3/SrO$ 摩尔比制备的锶铁氧体预烧料 SEM

(a) $n=5.4$；(b) $n=5.6$；(c) $n=5.8$；(d) $n=6.0$

锶铁氧体预烧料制备过程中，过量的 SrO 可以使晶格中产生空位，这些空位有利于离子迁移，从而促进固相反应的进行。同时，由 $SrO\text{-}Fe_2O_3$ 相图可知，过量的 SrO 有利于固相反应过程中产生液相，从而降低固相反应的预烧温度。结合

图 2-21 的 XRD 分析结果，$n = 5.6$ 的样品由于固相反应充分而使得颗粒分布均匀，且颗粒尺寸细小；$n = 5.8$、$n = 6.0$ 的样品中存在过量的 $Fe_2O_3$ 相，因此颗粒尺寸较 $n = 5.6$ 样品的要大。并且，由于 $n = 5.8$ 样品中 $Fe_2O_3$ 相含量低于 $n = 6.0$ 样品的，因此 $n = 5.8$ 样品的颗粒均匀性比 $n = 6.0$ 样品的好；$n = 5.4$ 的样品由于 SrO 过量造成了预烧温度降低，从而引起晶粒的长大，因此 $n = 5.4$ 样品的颗粒尺寸大于其他 3 种样品。

不同 $Fe_2O_3/SrO$ 摩尔比的样品的磁性能如图 2-23 所示。随着 $Fe_2O_3/SrO$ 摩尔比的增加，样品的饱和磁化强度和矫顽力均呈现先增大后减小的趋势。$n = 5.6$ 样品的饱和磁化强度和矫顽力均为 5 种样品中最大，结合之前的分析，这主要是由于 $n = 5.6$ 样品为单一的 $SrFe_{12}O_{19}$ 相，且样品颗粒分布均匀、粒度细小。

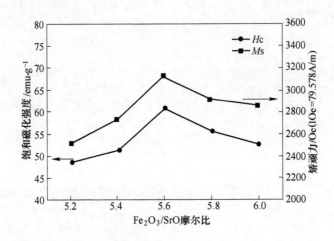

图 2-23　$Fe_2O_3/SrO$ 摩尔比对锶铁氧体预烧料磁性能的影响

综上所述，$Fe_2O_3/SrO$ 摩尔比过高或过低都不利于制备出高性能的锶铁氧体预烧料。当 $Fe_2O_3/SrO$ 摩尔比过高时，产物中往往有 $Fe_2O_3$ 相出现，产物颗粒尺寸大，晶化不完整，磁性能较低。而当 $Fe_2O_3/SrO$ 摩尔比较低时，产物的磁性能低，同时也造成了 $SrCO_3$ 的浪费。因此，确定 $Fe_2O_3/SrO$ 摩尔比为 5.6 制备铁氧体预烧料。

烧结温度对铁氧体永磁的相组成、形貌、磁性能有着重要的影响。设定锶铁氧体预烧料固定 $Fe_2O_3/SrO$ 摩尔比为 5.6，球料比 5∶1，球磨时间 6h，烧结时间 2h，烧结温度为 1100~1300℃。不同烧结温度下制备的锶铁氧体预烧料 XRD 如图 2-24 所示。可以看出，烧结温度 1100℃时，有大量的 $Fe_2O_3$ 相，说明固相反应不完全。烧结温度升高到 1150℃以上，为 M 型六角晶系锶铁氧体衍射峰。

图 2-25（a）~（e）为不同烧结温度下样品的 SEM。可以看出，随着烧结温度的增加，晶粒尺寸也迅速增加。1300℃烧结的样品出现熔融过烧。

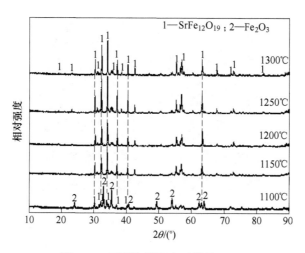

图 2-24 不同烧结温度下样品 XRD

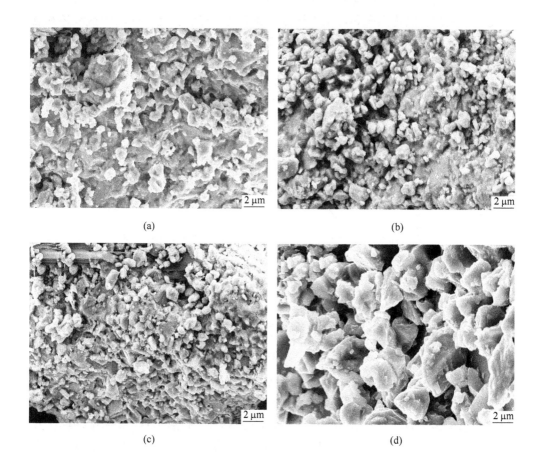

(a)      (b)

(c)      (d)

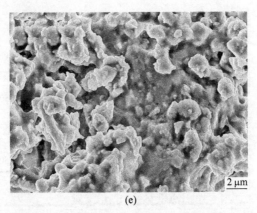

图 2-25 不同烧结温度下样品显微组织 (SEM)

(a) 1100℃；(b) 1150℃；(c) 1200℃；(d) 1250℃；(e) 1300℃

不同烧结温度样品的磁性能如图 2-26 所示。1100℃烧结的样品因固相反应不完全造成饱和磁化强度和矫顽力均低。随着烧结温度升高，样品中铁氧体相含量增加，结晶度逐渐完整，样品的饱和磁化强度和矫顽力随之增大；当烧结温度超过 1200℃时，样品中晶粒长大显著；当烧结温度超过 1250℃时，样品出现了"过烧"，样品磁性能恶化，饱和磁化强度和矫顽力均大幅下降。较优的烧结温度为 1200℃。

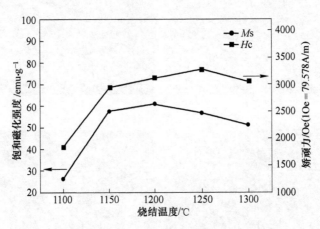

图 2-26 烧结温度对锶铁氧体预烧料磁性能的影响

烧结时间对锶铁氧体预烧料的相组成、形貌、磁性能也产生重要的影响。设定锶铁氧体预烧料固定 $Fe_2O_3/SrO$ 摩尔比为 5.6，球料比 5∶1，球磨时间为 6h，烧烧结温度为 1200℃，烧结 0.5~2h。不同烧结时间制备的锶铁氧体预烧料 XRD 如图 2-27 所示。随着烧结时间延长，$Fe_2O_3$ 相逐渐减少，烧结时间 1.5h 以上时，样品为单一锶铁氧体相。

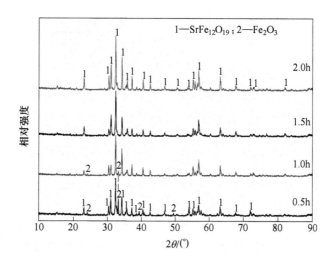

图 2-27　不同焙烧时间下样品的 XRD

图 2-28 为不同烧结时间制备的锶铁氧体预烧料磁性能。随着烧结时间的增加，样品的磁性能先增大后降低。因此，适当的延长预烧时间可以使产物具有更好的结晶度和磁性能。较优的烧结时间为 2.0h。

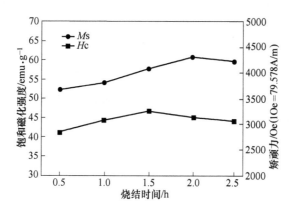

图 2-28　烧结时间对锶铁氧体预烧料磁性能的影响

综合所述，以含油铁泥为原料制得结晶度高、磁性能良好的锶铁氧体预烧料的优化条件为：脱油后粉体在 800℃下氧化焙烧 1h、$Fe_2O_3/SrO$ 摩尔比 5.6、球磨时间 6h、烧结温度 1200℃、烧结时间 2h。为研究 $Fe_2O_3/SrO$ 摩尔比、烧结温度和烧结时间对预烧料磁性能的影响，进一步优化工艺，设计以 $Fe_2O_3/SrO$ 摩尔比、烧结温度、烧结时间、球磨时间为 4 因素 3 水平的正交试验（见表 2-14），试验结果见表 2-15。

**表 2-14  4 因素 3 水平正交试验方案**

| 试验编号 | 试　验　参　数 | | | |
|---|---|---|---|---|
| | Fe$_2$O$_3$/SrO 摩尔比 | 球磨时间/h | 烧结温度/℃ | 烧结时间/h |
| 1 | 5.6 | 5 | 1150 | 1 |
| 2 | 5.6 | 6 | 1200 | 1.5 |
| 3 | 5.6 | 7 | 1250 | 2 |
| 4 | 5.8 | 5 | 1200 | 2 |
| 5 | 5.8 | 6 | 1250 | 1 |
| 6 | 5.8 | 7 | 1150 | 1.5 |
| 7 | 6.0 | 5 | 1250 | 1.5 |
| 8 | 6.0 | 6 | 1150 | 2 |
| 9 | 6.0 | 7 | 1200 | 1 |

**表 2-15  含油铁泥固相法制备锶铁氧体预烧料正交试验**

| 编号 | 因　　素 | | | | 结　　果 | | |
|---|---|---|---|---|---|---|---|
| | Fe$_2$O$_3$/SrO 摩尔比 | 球磨时间 /h | 烧结温度 /℃ | 烧结时间 /h | $Ms$ /A·m$^2$·kg$^{-1}$ | $Mr$ /A·m$^2$·kg$^{-1}$ | $Hc$ /kA·m$^{-1}$ |
| 1 | 5.6 | 5 | 1150 | 1 | 59.9 | 30.3 | 236.6 |
| 2 | 5.6 | 6 | 1200 | 1.5 | 57.8 | 29.6 | 259.1 |
| 3 | 5.6 | 7 | 1250 | 2 | 60.1 | 23.5 | 178.8 |
| 4 | 5.8 | 5 | 1200 | 2 | 61.9 | 31.5 | 187.1 |
| 5 | 5.8 | 6 | 1250 | 1 | 62.5 | 32.1 | 213.8 |
| 6 | 5.8 | 7 | 1150 | 1.5 | 58.9 | 29.5 | 238.7 |
| 7 | 6.0 | 5 | 1250 | 1.5 | 61.6 | 31.5 | 230.9 |
| 8 | 6.0 | 6 | 1150 | 2 | 57 | 29.1 | 274.3 |
| 9 | 6.0 | 7 | 1200 | 1 | 60.2 | 30.4 | 263.6 |

对饱和磁化强度（$Ms$）、剩余磁化强度（$Mr$）、矫顽力（$Hc$）的试验结果进行极差分析，极差分析结果分别见表 2-16～表 2-18。Fe$_2$O$_3$/SrO 摩尔比、球磨时间、烧结温度、烧结时间分别用 A、B、C、D 表示。

**表 2-16  饱和磁化强度极差分析**

| 试验因素 | | A | B | C | D |
|---|---|---|---|---|---|
| 饱和磁化强度 | $K_1$ | 177.8 | 183.4 | 175.8 | 182.6 |
| | $K_2$ | 183.3 | 177.3 | 179.9 | 179.9 |
| | $K_3$ | 178.8 | 179.2 | 184.2 | 179 |
| | $\overline{K_1}$ | 59.3 | 61.1 | 58.6 | 60.9 |
| | $\overline{K_2}$ | 61.1 | 59.1 | 60.0 | 60.0 |
| | $\overline{K_3}$ | 59.6 | 59.7 | 61.4 | 59.7 |
| | 极差 $R$ | 1.8 | 2 | 2.8 | 1.2 |
| | 主次顺序 | | C>B>A>D | | |
| | 优水平 | A$_2$ | B$_1$ | C$_3$ | D$_1$ |
| | 优组合 | | A$_2$B$_1$C$_3$D$_1$ | | |

表 2-17 剩余磁化强度极差分析

| 试验因素 | | A | B | C | D |
|---|---|---|---|---|---|
| 剩余磁化强度 | $K_1$ | 83.4 | 93.3 | 88.9 | 92.8 |
| | $K_2$ | 93.1 | 90.8 | 91.5 | 90.6 |
| | $K_3$ | 91 | 83.4 | 87.1 | 84.1 |
| | $\overline{K_1}$ | 27.8 | 31.1 | 29.6 | 30.9 |
| | $\overline{K_2}$ | 31.0 | 30.3 | 30.5 | 30.2 |
| | $\overline{K_3}$ | 30.3 | 27.8 | 29.0 | 28.0 |
| | 极差 $R$ | 3.2 | 3.3 | 1.5 | 2.9 |
| | 主次顺序 | | B>A>D>C | | |
| | 优水平 | $A_2$ | $B_1$ | $C_3$ | $D_1$ |
| | 优组合 | | $A_2B_1C_3D_1$ | | |

表 2-18 矫顽力极差分析

| 试验因素 | | A | B | C | D |
|---|---|---|---|---|---|
| 矫顽力 | $K_1$ | 8473.8 | 8244.6 | 9315.9 | 8970.6 |
| | $K_2$ | 8033.9 | 9284.9 | 8916.7 | 9154.9 |
| | $K_3$ | 9588.5 | 8556.7 | 7833.6 | 7940.7 |
| | $\overline{K_1}$ | 2824.6 | 2741.5 | 3105.3 | 2990.2 |
| | $\overline{K_2}$ | 2678.0 | 3095.0 | 2972.2 | 3051.6 |
| | $\overline{K_3}$ | 3186.2 | 2852.2 | 2611.2 | 2646.9 |
| | 极差 $R$ | 508.2 | 353.5 | 494.1 | 404.7 |
| | 主次顺序 | | A>C>D>B | | |
| | 优水平 | $A_3$ | $B_2$ | $C_1$ | $D_2$ |
| | 优组合 | | $A_3B_2C_1D_2$ | | |

由表 2-16~表 2-18 可以看出：

（1）对于饱和磁化强度，影响因素大小顺序为：烧结温度>球磨时间>$Fe_2O_3$/SrO摩尔比>烧结时间，优化的工艺参数组合为 $A_2B_1C_3D_1$（$Fe_2O_3$/SrO摩尔比5.8，球磨时间5h，烧结温度1250℃，烧结时间1h）。

（2）对于剩余磁化强度，影响因素大小顺序为：球磨时间>$Fe_2O_3$/SrO摩尔比>烧结时间>烧结温度，优化的工艺参数组合为 $A_2B_1C_3D_1$（$Fe_2O_3$/SrO摩尔比5.8，球磨时间5h，烧结温度1250℃，预烧时间1h）。

（3）对于矫顽力，影响因素大小顺序为：$Fe_2O_3$/SrO摩尔比>烧结温度>烧结时间>球磨时间，优化的工艺参数组合为 $A_3B_2C_1D_2$（$Fe_2O_3$/SrO摩尔比6.0，球磨时间 6h，烧结温度 1150℃，烧结时间 2h）。

将极差分析得出的最佳工艺参数组合进行验证试验，并与上小节采用单因素研究时得出的优化工艺进行磁性能的对比，结果见表 2-19。按极差分析优化参数组合进行试验，样品取得较好的磁性能，其磁滞回线如图 2-29 所示，超过了锶铁氧体 Y30 产品的指标。样品平均晶粒尺寸为 2μm 左右，如图 2-30 所示[12]。

表 2-19 最佳磁性能组合

| 性 能 | 单因素研究时的优化工艺 | 正交试验的优化工艺 | |
|---|---|---|---|
| | | 优化的 $Ms$ 和 $Mr$ | 优化的 $Hc$ |
| 水平数 | $A_1B_2C_2D_3$ | $A_2B_1C_3D_1$ | $A_3B_2C_1D_2$ |
| $Ms/A \cdot m^2 \cdot kg^{-1}$ | 60.8 | 62.6 | 57.0 |
| $Mr/A \cdot m^2 \cdot kg^{-1}$ | 30.9 | 32.6 | 29.1 |
| $Hc/kA \cdot m^{-1}$ | 248.7 | 254.7 | 266.2 |

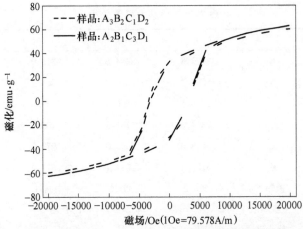

图 2-29 含油铁泥优化工艺后制备的锶铁氧体预烧料磁滞回线

(a) (b)

图 2-30 优化工艺制备样品的显微组织（SEM）

(a) $A_3B_2C_1D_2$；(b) $A_2B_1C_3D_1$

# 参 考 文 献

［1］扈云圈. 废钢铁加工与设备［M］. 北京：化学工业出版社，2013.

［2］扈云圈. 废钢铁回收与利用［M］. 北京：化学工业出版社，2011.

［3］刘明华. 废旧金属再生利用技术［M］. 北京：化学工业出版社，2014.

［4］张深根，张柏林，刘波，等. 一种报废机动车智能化拆解系统及拆解方法［P］. 中国专利：201510524106.6.

［5］陈津，赵晶，张猛. 金属回收与再生技术［M］. 北京：化学工业出版社，2011.

［6］张深根，刘波，宋洋，等. 一种报废机动车金属材料分选方法［P］. 中国发明专利，ZL201510162335.8.

［7］雷亚，杨治立，任正德，等. 炼钢学［M］. 北京：冶金工业出版社，2010.

［8］梁明式，王荣辉，赵清华. 安钢100t电炉废钢加工工艺及设备选型［J］. 河南冶金，2000，3：21-22.

［9］本书编辑委员会. 钢铁工业节能减排新技术5000问［M］. 北京：中国科学技术出版社，2009.

［10］张深根，刘波，田建军，等. 一种含油工业废弃物的无污染连续处理设备及其方法［P］. 中国专利：ZL201110153527.4.

［11］刘波. 冷轧铁泥、轧辊磨削料资源化综合利用技术的研究［D］. 北京：北京科技大学，2014.

［12］Bo Liu, Shengen Zhang, Jianjun Tian, et al. Strontium ferrite powders prepared from the oily cold mill sludge by solid state reaction method［J］. Rare Metals, 2013, 32 (5)：518-523.

# 3 铜循环利用技术

铜是电子信息和电力等国民经济支柱产业的基石。据国家统计局统计，2014年我国精炼铜产量764.4万吨，2015年796万吨。我国原生铜矿资源储量少，目前已探明铜储量只有6251万吨。按国内GDP的年增长为8%计算，只能维持6~8年。

我国可回收利用的废杂铜资源在迅速增加，按20年使用寿命计算，2015年国内可回收利用的废铜资源将达到107万吨，2020年将达到175万吨。如果将其全部回收利用，再生量可占到电子信息产业用铜量的30%左右，可在一定程度上填补我国铜资源缺口。

预计到2020年，我国再生铜产量将达到432万吨。与开发原生铜矿产资源比，可实现节能455.6万吨标煤、节水17.09亿立方米、减少固废排放16.42亿吨、减少$SO_2$排放58.91万吨。因此，废杂铜循环利用对铜产业可持续发展和生态环境保护具有十分重要的意义。

## 3.1 废杂铜来源与分类

随着铜应用领域不断扩大，废杂铜来源广泛、种类繁多，并呈现日益复杂的态势。

### 3.1.1 废杂铜来源

铜具有优良的再生特性，是一种可反复利用的资源。废杂铜可分为两大类：第一类称为新铜废料，主要指工业生产过程中产生的边角料和机加工碎屑；第二类称为旧铜废料，是各类工业产品、设备、备件中的铜制品。表3-1是铜废料的构成情况[1]。

表 3-1 铜废料的构成情况

| 废料来源 | 废料种类 | 所占比例/% | 铜在废料中所占的比例/% | | |
| --- | --- | --- | --- | --- | --- |
| | | | 铜 | 黄铜 | 青铜 |
| 轧材生产 | 炉渣 | 1.7 | 4.8 | — | — |
| 铜基合金生产 | 炉渣 | 2.8 | 8.2 | — | — |

| 废料来源 | 废料种类 | 所占比例/% | 铜在废料中所占的比例/% | | |
|---|---|---|---|---|---|
| | | | 铜 | 黄铜 | 青铜 |
| 电线电缆生产 | 电导体切头 | 8.0 | 23.3 | — | — |
| 轧材金属加工 | 边料和变形废料块 | 13.6 | 7.4 | 24.9 | 2.7 |
| 异形铸件及金属加工 | 变形合金的切屑 | 17.7 | 16.6 | 26.2 | 4.2 |
| | 铸造合金废料块 | 0.5 | — | 0.3 | 1.5 |
| | 铸造合金屑 | 14.4 | 0.5 | 8.6 | 45.0 |
| 折旧废件 | 铸造合金制品废件 | 14.7 | 0.5 | 11.3 | 41.6 |
| | 变形合金制品废件 | 17.4 | 12.2 | 28.7 | 5.0 |
| | 废电缆 | 9.2 | 26.5 | — | — |
| 合　计 | | 100.0 | 100.0 | 100.0 | 100.0 |

目前，含铜废料约40%用于生产铸造合金，20%生产变形合金，3%制取化合物，34%加工成粗铜，品质太差不能利用的小于3%。

### 3.1.1.1 废杂铜的来源地

随着社会的发展，废杂铜的来源在不断变化。20世纪50年代，废杂铜资源主要来源于民间；20世纪60年代，由于国家铜资源紧张，民用产品几乎没有铜制品。因此，一直到20世纪80年代，废杂铜主要来源于工矿企业。目前，国内的废杂铜主要来源于以下五个方面[2]：

（1）有色金属加工企业产生的废料，包括纯铜废料和铜合金废料，如切头切尾、浇冒口、边角料、废次材、含铜的灰渣等。

（2）消费领域产生的废杂铜资源，主要包括加工余料、屑末、废机器零件、废电气设施等。随着工业水平的提高，消费领域产生的有色金属加工余料（边角屑末）数量逐年降低，含有色金属的报废设备、仪器、废电子元器件、废电气设施的数量和品种逐年增加。

（3）社会上产生的废有色金属。随着人们消费水平的提高，社会上产生的废铜数量不断增加，如废电线、废家用电器、废电脑、废水暖零件等。

（4）进口的废杂铜。进口废杂铜分为两部分：一部分是比较纯净的废铜或铜合金，海关将其称为六类废料；另一部分是以回收铜为主的废电机等，常称之为七类废料。从20世纪90年代，我国开始进口废杂铜，进口量逐年增加，见表3-2[1]。2015年1月至7月累计进口废铜数量为205万吨，比2014年同期降低了0.5%。

表 3-2　我国进口废杂铜情况　　　　　　　(万吨)

| 项　目 | 1999 年 | 2000 年 | 2001 年 | 2002 年 | 2003 年 | 2004 年 | 2005 年 | 2006 年 |
|---|---|---|---|---|---|---|---|---|
| 废铜实物量 | 170.1 | 250.1 | 334.6 | 308.0 | 316.2 | 395.8 | 482.1 | 494.0 |
| 约含铜量 | 34.0 | 50.0 | 66.9 | 61.6 | 63.2 | 79.2 | 96.0 | 99.0 |
| 精铜产量 | 117.4 | 137.1 | 152.3 | 163.2 | 183.6 | 217.0 | 258.0 | 299.9 |
| 占精铜比例/% | 29.0 | 36.5 | 43.9 | 37.7 | 34.4 | 36.5 | 37.1 | 33.0 |

中国主要从日本、美国、澳大利亚和比利时等国家和地区进口废铜，2010年中国进口含铜废料前 5 位的国家和地区见表 3-3[2]。

表 3-3　2010 年中国进口废铜的主要国家和地区　　　　(万吨)

| 美国 | 澳大利亚 | 西班牙 | 德国 | 英国 |
|---|---|---|---|---|
| 20.0 | 16.7 | 13.9 | 10.3 | 6.9 |

（5）国防、军工产生的废有色金属，主要包括弹壳、废通信电子设备、废电器设施和从退役汽车、飞机、舰艇和其他军事设施中拆解的废有色金属零部件。

### 3.1.1.2　废杂铜的回收

废杂铜产生于社会的千家万户各个角落，必须通过回收渠道，将其集中起来才能成为有工业价值的资源。我国废杂铜的回收渠道主要包括物资系统、供销社系统、民营企业和个体企业[2]。

（1）物资再生系统。该系统是计划经济时期从事废杂铜回收的主渠道之一，以国营企业为主，目前仍然是废杂铜回收和经营的渠道之一。

（2）再生资源系统。即原供销社系统，主要由集体所有制企业组成，是计划经济时期从事废杂铜回收经营的主渠道之一。该系统在计划经济时期已经在全国建立了较广泛的回收网络，主要从事包括废杂铜在内的废旧物资的回收。目前，仍然是废旧有色金属回收的渠道之一。

（3）废杂铜进口拆解系统。近年来，从事废旧五金进口拆解企业迅速发展，已在天津、江苏、宁波、台州、广东大沥、清远等地形成了多个进口废金属拆解加工园区，是我国废杂铜资源供应的主渠道。

（4）其他渠道。回收企业主要从事废铜的进口、贸易等。

## 3.1.2　废杂铜分类

### 3.1.2.1　铜及铜合金废料的分类

按照物理形态、名称，废铜可分为七类：Ⅰ类：纯铜废料；Ⅱ类：铜合金废料；Ⅲ类：汽车水箱；Ⅳ类：屑末；Ⅴ类：切片；Ⅵ类：带皮电线；Ⅶ类：含铜灰渣。具体分类见表3-4[2]。

**表3-4 铜及铜合金废料分类表**（GB/T 13587—2006）

| 废铜分类 | | | | 要　求 |
|---|---|---|---|---|
| 类别 | 组别 | 废铜名称 | 废铜代号 | |
| I类：纯铜废料 | 废裸线 | 1号铜线<br>No. 1 Copper Wire | Barley<br>Berry | 由裸铜线构成的废铜料：<br>1级：由无绝缘皮、无合金的纯铜线（无涂层）组成。铜线直径>1.6mm。<br>2级：由洁净、无锡、无合金的纯铜线和铜电缆线（无涂层）组成。铜线直径>1.6mm。不允许含有烧过的易碎的铜线 |
| | | 2号铜线<br>No. 2 Copper Wire | Brich | 由无合金的裸铜线组成的废铜料，含铜量（质量分数）为96%（最小质量分数94%）。<br>允许含有纯铜杂料，不允许含有镀铅、镀锡的铜线、焊接过的钳线、黄铜和青铜线、绝缘铜线、过多的细丝线和脆的过烧线。<br>不允许夹杂铁（含钢）和非金属物质以及过多的油。<br>需用适当方式去除尘垢 |
| | | 废漆包线<br>Enamel Copper Wire | | 1级：纯漆包线，无杂质。<br>2级：经过焚烧脱漆，表面有氧化层，无杂质 |
| | 铜混合废料 | 特种紫杂铜<br>Special Scrap Copper | | 由纯铜零部件及其他各种纯铜制品（含纯铜裸线）构成的废料。<br>铜质量分数大于99.95%。<br>不允许含有水垢、油污、涂层、油漆等其他杂质。<br>不得含有锡、铅及铜合金，也不许含有毛丝、车屑、磨屑和厚度小于1mm的铜板 |
| | | 1号紫杂铜<br>No. 1 Heavy Copper | Candy | 由干净的、无合金、无涂层的加工下脚料、导电板以及直径大于1.6mm的铜线组成的废料。<br>允许带有洁净的铜管和其他纯铜块状料，不得含有焚烧过的脆质铜线 |
| | | 2号紫杂铜<br>No. 2 Heavy Copper | Cliff | 由混杂的纯铜（不含铜合金）制品构成的废料。含铜量（质量分数）为96%（最小质量分数94%）。<br>不得含有：过多的铅和锡、焊接过的废铜、黄铜、青铜、过多的油、钢铁、非金属废料、带非钢接头的铜管或带有残渣的铜管、烧过的或有绝缘性的铜线、毛丝、焚烧后的脆质铜线、泥土等 |

| 废铜分类 | | | | 要　　求 |
|---|---|---|---|---|
| 类别 | 组别 | 废铜名称 | 废铜代号 | |
| I 类：纯铜废料 | 铜米重新做或去掉 | 1 号铜米<br>No. 1 Copper Wire Nodules | Clove | 由 1 号铜线（无绝缘皮、涂层和合金）加工的铜米，最低含铜量（质量分数）为 99%。<br>不含锡、铅、锌、铝、铁及其他金属杂质；<br>无绝缘物，不含其他杂质 |
| | | 2 号铜米<br>No. 2 Copper Wire Nodules | Cocoa | 由无合金的铜线加工的铜米，最低含铜量（质量分数）为 99%。<br>不含过量的其他非金属和绝缘物。<br>金属杂质最大限量（质量分数）：铝 0.05%、镍 0.05%、铁 0.05%、锡 0.25%、锑 0.01% |
| | | | Cobra | 由 2 号无合金铜线加工的铜米，最低含铜量（质量分数）为 97%。<br>金属杂质铝含量（质量分数）不超过 0.5%，其他金属或绝缘物均不超过 1% |
| | 废铜板 | 薄铜板<br>Light Copper | Dream | 混杂的无合金的废铜板，含铜量（质量分数）为 92%（最低质量分数 88%）。<br>包括薄铜板、流水槽、落水管、铜壶、热水器等。<br>不允许含有：烧过的细铜线、镀铜件、镀铜板、磨屑料、未完全烧过的带有绝缘皮的电线、散热器、冰箱零件、印刷线路板、筛网；过量含铅、锡、焊料的废铜和黄铜、青铜；过量的油、铁（含废钢）和非金属、灰渣泥土 |
| | | 废铜箔<br>Copper Foil | | 由铜箔厂和线路板厂产生的铜箔构成的废料。<br>1 级：纯废铜箔，无任何夹杂。<br>2 级：纯铜箔板，夹杂物的最大含量（质量分数）为 3%。<br>3 级：纯铜箔板，含有黏结剂 |
| II 类：铜合金废料 | 黄铜废料 | 普通废黄铜<br>Plain Brass | | 普通黄铜零部件组成的废料。<br>1 级：按牌号分类的普通黄铜零部件、块状废料。夹杂物质量分数小于 1%。<br>2 级：由两种以上牌号的普通黄铜零部件和块状废料组成，杂质质量分数小于 1% |
| | | 废水暖零件<br>Cocks and Faucets | Grape | 由各式各样的红色黄铜和黄铜制成的干净的水暖件（包括镀铬或镀镍构件）组成的废料。<br>不得含有煤气开关（龙头）、啤酒的出酒嘴、以铝和锌为母材制成的水暖件。<br>半红黄铜零件≤35% |

| 废铜分类 | | | | 要　　求 |
|---|---|---|---|---|
| 类别 | 组别 | 废铜名称 | 废铜代号 | |
| II类：铜合金废料 | 黄铜废料 | 废黄铜铸件<br>Yellow Brass Casting | Ivory | 由黄铜铸造的机械零件构成的废料。<br>不含黄铜锻件、硅青铜、锰青铜、铝青铜。<br>不得有质量分数超过15%的镀镍材料。<br>不容许铸件长度超出300mm |
| | | 其他普通黄铜废料<br>Other Plain Brass | | 除普通黄铜之外的各种黄铜构成的废料。<br>不允许含有屑末。<br>夹杂物由供需双方商定。<br>1级：按照牌号分类。<br>2级：两种以上牌号的废料混合，如铅黄铜、铝黄铜等废料混合 |
| | | 黄铜轴套<br>Genuine Babbitt-Lined Brass Bushings | Elder | 由汽车或其他机械上的红色黄铜轴套和轴承组成的废料。<br>允许含有不小于12%的以高锡为基本材料的巴氏合金。<br>不允许含有铁衬里的轴承 |
| | | 废黄铜管<br>Brass Pipe | Melon | 由不带镀件与焊接材料的黄铜管组成的废料。<br>不允许含有沉淀物、冷凝管及用黄铜铸件连接的黄铜管。<br>管件应完整、洁净 |
| | | 废海军黄铜管<br>Admiralty Brass Condense Tubes | Pales | 由洁净完整的海军黄铜冷凝管件构成的废料。<br>不允许含有镍合金、铝合金以及腐蚀材料 |
| | | 废黄铜混合料<br>Yellow Brass Scrap | Honey | 由黄铜铸件、轧制黄铜、棒材、管材和多种黄铜组成的废料，包括镀层黄铜。<br>不允许含有锰青铜、铝青铜、非熔焊散热器及散热器部件、铁以及较脏和受腐蚀的材料 |
| | 特殊黄铜废料 | 黄铜炮弹壳<br>Brass Shell Cases | | 发射过的炮弹壳构成的废料。<br>不含雷管及其他杂质。<br>牌号及成分由供需方商定 |
| | | 带雷管的黄铜炮弹壳<br>Brass Shell Cases with Primers | | 由炮弹壳组成的废料。<br>允许炮弹壳带有雷管，但必须在合同中标出。<br>不含其他杂质 |
| | | 黄铜子弹弹壳<br>Brass Small Arms and Rifle Shells | | 由发射过的黄铜子弹构成的废料。<br>不含弹头、铁和其他杂质。<br>牌号和成分由供需双方商定 |

| 废铜分类 | | | | 要　求 |
|---|---|---|---|---|
| 类别 | 组别 | 废铜名称 | 废铜代号 | |
| Ⅱ类：铜合金废料 | 白铜废料 | 白铜废件 Nickel Silver | | 由按照牌号分类的铜镍合金管件、管、薄片、金属板、板坯或其他经过锻造的废件构成的废料。不允许带有其他附件和杂质。废料中杂质质量分数应小于2% |
| | 青铜废料 | 废锰青铜 Manganese Bronze Solids | Parch | 由含铜量（质量分数）不少于55%、含铅量（质量分数）不超过1%的锰青铜块构成的废料。不允许夹杂铝青铜和硅青铜 |
| | | 废车辆轴瓦 Unlined Standard Red Car Boxes（Clean Journals） | Fence | 由无衬里的和/或焊接的铁路机车轴瓦及无衬里的和/或焊接的车辆轴颈轴承构成的废料。不允许混有黄铜轴瓦和铁衬里轴瓦 |
| | | 废车辆轴瓦 Lined Standard Red Car Boxes（Lined Journals） | Ferry | 由标准的巴氏合金衬里的铁路（红）轴瓦或巴氏合金衬里的车辆焊接轴承构成的废料。不含黄铜轴瓦和铁衬里轴瓦 |
| | | 其他青铜废料 Other Bronze | | 由上述铜合金之外的废青铜组成的废料，不含车屑、磨屑。1级：单一牌号的青铜废料，夹杂物质量分数小于1%。2级：同一名称的青铜废料混合，如锡青铜的若干个牌号混合废料，夹杂物质量分数小于1%。3级：不同名称的青铜废料混合在一起，如锡青铜和铝青铜废料混合在一起，夹杂物质量分数小于1% |
| Ⅲ类：废水箱 | 废水箱 | 废铜水箱 Auto Radiators | | 由各种车辆铜（含铜合金）水箱构成的废料。1级：由纯铜或相同牌号合金废水箱组成，去掉所有的铁件。2级：由混合牌号的废汽车水箱，去掉所有的铁件。不可混入铝水箱、铁水箱 |
| Ⅳ类：铜及其合金新废料 | 铜及其合金新废料 | 纯铜废料 New Copper | | 由钢材加工厂和制造厂在加工制造过程中产生的纯铜废料构成，如边角料、切头、废次材、半成品、线材、废品等。不允许混入车屑、磨屑和其他夹杂物。1级：表面光亮，无氧化，表面无污物及涂层、无油污。2级：表面有油污或氧化物，含量由供需双方商定。3级：表面有镀层、漆层 |

| 废铜分类 | | | | 要　　求 |
|---|---|---|---|---|
| 类别 | 组别 | 废铜名称 | 废铜代号 | |
| Ⅳ类：铜及其合金新废料 | 铜及其合金新废料 | 铜合金新废料<br>New Alloy Copper | | 由铜材加工厂、制造厂在生产过程中产生的铜合金废料构成，如边角料、切头、废次材、半成品、线材、废品等。<br>　不允许含有车屑、磨屑和其他夹杂物。<br>　1级：单一牌号，表面无氧化、油污和涂层。<br>　2级：单一牌号，表面有氧化或油污、涂层。<br>　3级：两种以上牌号的混合废料，表面无氧化、油污或涂层。<br>　4级：两种以上牌号的混合废料，表面有氧化、油污或涂层 |
| Ⅴ类：屑末 | 铜合金屑末 | 纯铜屑<br>New Copper Filings | | 由纯铜屑构成的废料。<br>　1级：不含油、水分、合金铜屑和杂质。<br>　2级：含有少量的油或水，不含其他杂质。<br>　3级：含有油、水或夹杂物，含量由供需双方商定 |
| | | 铜合金屑<br>Alloy Copper Filings | | 由铜合金屑构成的废料。<br>　1级：单一牌号的铜合金屑，不含杂质、油和水。<br>　2级：单一牌号的铜合金屑，夹杂物质量分数小于5%，可含少量的油或水。<br>　3级：混合的铜合金屑，不含杂质、油和水。<br>　4级：混合的铜合金屑，夹杂物质量分数小于5%，可含少量的油或水 |
| Ⅵ类：切片 | 切片 | 重有色金属切片<br>High Density | Zebra | 由分离出铁、铝等金属之后的重金属（包括铜、黄铜、锌、不锈钢和铜线）切片构成的混合物废料。废料必须干燥，不过度氧化 |
| Ⅶ类：带皮的电线电缆 | 废电缆 | 废铅皮电缆、塑料皮电缆、橡胶皮电缆<br>Cable With Various Types of Insulation | | 电缆构成的含铜废料。<br>　1级：同一名称、同一规格、无夹杂物。<br>　2级：同一名称、不同规格、无夹杂物。<br>　3级：混合废电缆，无夹杂物 |
| | 废电线 | 废电线<br>Copper Wire Scrap | | 由电线组成的含铜废料。<br>　1级：同一名称、同一规格、无夹杂物。<br>　2级：同一名称、不同规格、无夹杂物。<br>　3级：不同名称、不同规格的混合废电线 |

| 废铜分类 | | | | 要　求 |
|---|---|---|---|---|
| 类别 | 组别 | 废铜名称 | 废铜代号 | |
| Ⅷ类：含铜灰渣 | 含铜灰 | 铜灰<br>Copper Ash | | 含铜的灰尘、烟尘等，铜含量由供需双方议定 |
| | 含铜渣 | 铜渣<br>Copper Dross | | 含铜的炉底结块、熔渣，铜含量由供需双方议定 |

### 3.1.2.2　分类的改进

美国废弃物回收协会（ISRI）制定了 45 种废杂铜标准，其中最重要的铜废料种类如下[1]：

（1）1 类废料：最低铜含量质量分数 99%，直径或厚度不小于 1.6mm。1 类废料包括电缆、"重"废料（如铜夹、铜屑、汇流排）、铜米等。

（2）2 类废料：最低铜含量质量分数 96%，包括电线电缆、"重"废料、铜米、电机绕线等。

（3）轻铜：最低铜含量质量分数 92%，基本组成是纯铜，但掺杂了油漆或其他涂敷物，或氧化较大（如铜加热管、锅等），有时含少量铜合金。

（4）精炼厂黄铜：最低铜含量质量分数 61.3%，包括混杂不同成分的铜合金废料。

（5）含铜废料：包括各种铜含量低的炉渣、淤泥、沉渣等。

我国废杂铜的分类简单，还没有出台完善的废杂铜分类标准。目前，国内将废杂铜分为 3 类：一级废杂铜，纯度大于 99.9%，可直接送轧制厂使用；二级废杂铜，纯度为 92%~99%，部分可直接应用；三级废杂铜，纯度小于 92%，需要再精炼。我国废杂铜的分类与品位的关系见表 3-5。

**表 3-5　我国废杂铜的分类与品位的关系**

| 废杂铜种类 | 一级废杂铜 | 二级废杂铜 | 三级废杂铜 |
|---|---|---|---|
| 纯度/% | >99.9 | 92~99 | <92 |

2003 年，我国对原废杂铜、废铝、废铅标准进行修订，修订原则如下：

（1）国内外名称一致且组分相同的废料、国内没有大量进口的废铜，都参照《ISRI 废料规格手册》中废杂铜分类方法。废铜名称和组分与《ISRI 废料规格手册》不一致的及国内特有的废铜，按照我国实际的分类方法进行分类。

（2）对原标准的"类别"作了修改。原标准将废杂铜分为"铜和铜合金块状废料、废件"、"铜及铜合金屑料"和"铜和铜合金渣、灰废料"三类。修订后，改为"纯铜废料"、"铜合金废料"、"废水箱"、"铜及铜合金新废料"、"屑末"、"切片"、"带皮的电线电缆"和"含铜灰渣"等八类。

（3）将原标准的"组别"作了修改。原标准的组别为："金属铜废料废件"、"加工黄铜废料废件"、"铸造黄铜废料废件"、"加工青铜废料废件"、"加工镀青铜废料废件"、"铸造青铜废料废件"、"加工白铜废料废件"、"混合铜及铜合金废料废件"、"金属铜屑料"、"加工黄铜屑料"、"铸造黄铜屑料"、"加工青铜屑料"、"加工镀青铜屑料"、"铸造青铜屑料"、"加工白铜屑料"、"混合铜及铜合金屑料"、"铜及铜合金灰渣"等17组。修订后，分为"废裸线"、"铜混合废料"、"铜末"、"废铜板"、"黄铜废料"、"特殊黄铜废料"、"白铜废料"、"青铜废料"、"废水箱"、"铜及铜合金新废料"、"铜合金屑末"、"切片"、"废电缆"、"废电线"、"含铜灰"、"铜渣"等16组。

# 3.2 废杂铜循环利用技术

## 3.2.1 概述

废杂铜循环利用技术主要分为两大类：一是将高品质废杂铜直接冶炼成紫精铜或铜合金，也称为直接利用；二是将废杂铜冶炼成阳极板，再经电解精炼成电解铜，也称为间接利用[3]。

### 3.2.1.1 直接利用

将成分明确的纯铜废料直接返炉熔炼成某种牌号或与之相近的合金的方法。按原料性质，直接利用有如下处理方法：

（1）废纯铜生产线。锭主要原料为铜线锭加工废料、铜杆剥皮废屑、拉线过程产生的废线等。再生利用工序包括熔化、氧化、还原和浇铸等。

（2）废杂铜连铸连轧生产光亮铜杆。废杂铜经分类、分级、预处理后，进入冶金炉内冶炼，经连铸或连铸连轧工序生产铜杆。该技术具有节能、工序简单、生产成本低等优点。1987年，我国第一条以废电线电缆为原料，采用固定式反射炉熔炼的连铸连轧生产线在上海冶炼厂投产。经多年的发展，目前，由废杂铜直接制造的杆已在电缆工业中占有较大市场份额，见表3-6[3]。

表3-6 废杂铜直接制杆在电缆工业中所占的市场份额

| 用 途 | 线的规格/mm | 份额/% |
|---|---|---|
| 电力电缆、建筑线、电磁线 | 1.10以上 | 45 |
| 通信线缆和电磁线 | 0.4~1.10 | 20.0 |
| 软线（绳）和电磁线 | 0.12~0.4 | 20.0 |
| 电磁线、电子用线、通信线缆 | 0.12以下 | 15.0 |

### 3.2.1.2　间接利用

间接利用主要包括一段法、二段法和三段法[3]。

（1）一段法。将废旧黄杂铜或紫杂铜直接加入反射炉精炼成阳极铜的方法，适合处理杂质含量低、成分简单的杂铜物料。该方法的优点是流程短、设备简单、建厂快、投资少。在处理成分复杂的物料时，产生的烟尘成分复杂，难以处理；同时，精炼操作的炉时长，劳动强度大，生产效率低，金属回收率低。

（2）二段法。其主要包括：废杂铜先经鼓风炉还原熔炼得到金属铜，然后将金属铜在反射炉内精炼成阳极铜；废杂铜先经转炉吹炼成粗铜，粗铜再在反射炉内精炼成阳极铜。

（3）三段法。废杂铜先经鼓风炉还原熔炼成黑铜，黑铜在转炉内吹炼成次粗铜，次粗铜再在反射炉中精炼成阳极铜。原料要经三道工序处理，故称三段法。三段法具有原料综合利用率高、产出烟尘成分简单、容易处理、粗铜品位较高、精炼炉操作容易、设备生产率较高等优点。

## 3.2.2　湿法冶金法

湿法冶金法通常包括预处理、溶解、金属元素回收等工序，具有金属回收率高、工艺灵活性大、设备简单、伴生成分综合回收好等优点，适合中、小企业使用。含铜废料湿法处理前需进行预处理，使金属与泥、油、绝缘物等分离开。先用 70~80℃ 的碱液（含 $Na_2CO_3$ 20~25g/L、NaOH 约 10g/L）进行脱油，脱油时间 20~30min。脱油后，含铜废料送至清洗槽，用 60~70℃ 热水洗涤。工业生产条件下，含铜废料的溶解多使用硫酸、氨溶液等化学溶剂。硫酸被认为是最有效的溶剂，但其缺点是对设备有腐蚀作用。氨溶液腐蚀作用较小，铵盐存在下氨溶液与有色金属反应生成配合物而进入溶液中，从而可使有色金属与铁分离。浸出液中回收和分离金属的方法有置换法、电积法、萃取法、离子交换法、水解法、硫化物沉淀法等，其中，电积法最为成熟[4]。

### 3.2.2.1　化学溶解法

A　含铜废料的硫酸浸出[5]

块状、粒状或雾化成粉状的铜、氧化铜皮、各种铜基合金均可用硫酸法浸出，硫酸浸出可在涡轮充气搅拌或机械搅拌的设备以及加压釜中进行。复杂铜基合金浸出时，Zn、Ni、Fe 与 Cu 共溶入溶液，Pb、Sn 生成难溶化合物（如 $PbSO_4$，溶度积为 $1.8×10^{-8}$）。粉状黑铜酸浸 4h 后，各种金属浸出率（质量分数）为：Cu 和 Zn 94%~98%、Ni 76%、Fe 62%、Sn 1.3%、Pb 1.62%。浸出率（质量分数）与原料成分和品质有关，在 0.7%~10% 范围内变化。

浸出液通常用不溶阳极电解析铜。用含锡、含钙的铅合金作阳极，阴极由种板槽产出。电解槽操作与铜电解精炼相同。电解液杂质含量（g/L）控制为：Zn ≤25、Ni≤20、Fe≤3，电流密度 200~300A/m²，槽电压 1.8~2.4V。电流效率大于 90%，电能消耗 2000~2500kW·h/t（铜）。铜也可以铜粉形式从硫酸铜中析出，可在 130~140℃ 的高压釜中用高压氢气（2400~2800kPa）还原析出铜粉，溶液中硫酸不宜超过 120g/L，产出的铜粉可以直接销售。国外某电缆厂用硫酸浸出废铜线生产铜箔，其工艺过程是先将铜线在 500℃ 下进行焙烧除去油脂，再用废电解液（含 $H_2SO_4$ 120~140g/L，Cu 40~42g/L）或酸洗液在 80~85℃ 连续鼓空气的条件下进行浸出，空气耗量为 350m³/h。当浸出液含铜超过 80g/L 时，送鼓形电解槽进行电积。电解槽和鼓形阴极由不锈钢制成，而不溶阳极用钛复合材料制成。控制阴极电流密度 1600~2250A/m²，温度 40℃，电解液循环速度 1.8~2.0m³/h。电解液杂质含量控制为：有机杂质 0.04~0.08g/L，$Cl^-$ 0.02~0.07g/L，$Fe^{2+}$ 0.8~3.0g/L。在鼓形阴极上可产出 20~35μm 厚的铜箔。

 B 含铜废料的氨液浸出

 使用含 $NH_3$ 和某种铵盐的溶液作为浸出溶剂，在 50~60℃ 下于渗滤型设备中进行，溶液中原氨浓度为 100~150g/L，$CO_2$ 80~100g/L。氨浸法不仅易于浸出粒状铜料且可有效地浸出压块铜料、旧铜料及其他再生原料。Cu 在溶液中以一价和二价的氨配合物共存，Cu 浸出率（质量分数）高达 99%。此外，Zn、Ag 进入溶液，Fe、Sn、Pb 则留在浸出渣中，滤去浸出渣后的溶液送去沉铜。经济核算研究表明：Cu 以铜粉状态从氨溶液中析出是最合理的。因此，可将浸出液蒸馏分解出 CuO 沉淀，然后，在 700~760℃ 下用氢还原 CuO 可得到纯度 99.4%（质量分数）的铜粉。

 与"硫酸浸出—高压氢还原法"相似，也可采用"氨浸—高压氢还原法"析出铜粉：浸出液用水解或其他方法净化除去杂质，然后在高压釜中 200℃、600~700kPa 下沉淀铜，减压后将铜粉与溶液一起从釜内放出，经离心过滤后在 600~700℃ 下氢气中干燥，得到纯度 99.9%（质量分数）的铜粉。滤液返回浸出工序，其成分为：Cu 1.5g/L，Zn 10g/L，$CO_2$ 100g/L，$NH_3$ 150g/L，$SO_4^{2-}$ 28g/L。当 Zn 和 $SO_4^{2-}$ 分别积累到 40g/L 时，抽出部分溶液蒸氨，使 Zn 以 $Zn_2(OH)_2CO_3$ 形式沉淀。

 目前，国外开发出一种"硫酸铵盐浸出—二氧化硫还原沉淀"的工艺，用于处理各种置换铜、次等杂铜、铜屑等。该工艺主要包括三个工序：硫酸铵盐浸出含铜废料，得到以 Cu（Ⅰ）为主和铵配合物溶液；使用 $SO_2$ 将 Cu（Ⅱ）还原成 Cu（Ⅰ），使 Cu（Ⅰ）转变成难溶的亚硫酸铜铵沉淀。接着，在高压釜中使亚硫酸铜铵分解得到含铜（质量分数）为 99.4%~99.8% 的铜粉。该工艺铜粉回收率可达 99%。

 C 合金杂铜的直接电解

 将杂铜碎料碱液清洗除油，并放置于带有孔眼的阳极框（其面积占阳极总表面积的 30%）内。由于阳极框内碎铜粒的比表面积较大，故不易发生阳极钝化。合金杂铜电解的工艺流程如图 3-1 所示[6]。

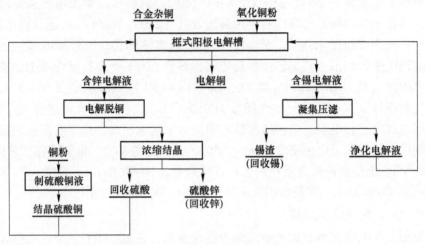

图 3-1　合金杂铜直接电解工艺流程

合金杂铜碎料的化学成分为：$w(Cu) = 66\% \sim 81\%$，$w(Zn) = 2\% \sim 25\%$，$w(Sn) = 0.5\% \sim 1\%$，$w(Mn) \approx 2\%$，$w(Al) \approx 5\%$，$w(Fe) \approx 3\%$，$w(Si) = 2.5\% \sim 4.5\%$，$w(Pb) = 2\% \sim 4\%$。采用图 3-1 所示工艺，合金杂铜碎料直接电解的主要技术条件为：

（1）电解：电解液成分：$H_2SO_4$ 100～110g/L，Cu 50～55g/L，Sn ≤ 2.4g/L，Zn ≤ 100g/L，每吨铜加明胶 60g。阳极电流密度 180A/m²、电解液温度 50～55℃、槽电压 0.7～1.0V。

（2）净化除锡：溶液温度 70℃、加磷酸量 1/1000（体积比）、搅拌时间 1～2h。

电解过程中，Sn 以锡胶形式进入电解液，且含量逐渐增加。少量锡胶有利于阴极铜表面光洁，当 [Sn] 达 2.4 g/L 时，会使电解液黏度增加，不利于 $Cu^{2+}$ 扩散并污染阴极产品。所以，应定期除锡。电解液中 [Zn] 达 100 g/L 时，应采用电积脱铜，产生的铜粉用于生产 $CuSO_4$，脱铜后液经浓缩结晶产出 $ZnSO_4$。由于合金杂铜阳极的铜品位较低（约 80%），电解过程中 Zn、Fe、Ni 等杂质元素发生电化学溶解进入电解液，电解液中 Cu 含量不断下降，因此应及时添加 CuO 粉或结晶 $CuSO_4$，以维持电解所需 $Cu^{2+}$。

合金杂铜直接电解主要技术指标为：电流效率 92.5%，电耗 1100kW·h/t，铜直收率 90% 以上，电铜品位 99.96%。

D　从低铜液中提取铜

从含铜 0.4～0.5g/L 低铜液中回收铜可采用置换沉淀法，其反应可表示为：

$$Fe + Cu^{2+} = Cu + Fe^{2+}$$

常用的置换设备是敞口溜槽。溜槽靠底部设有盛装废铁的木栅格子，沉淀出的铜粉落入槽底与栅格上的废铁分离；置换液在溜槽内停留 50~90min。该设备缺点是铁耗大（为理论量的 5 倍）、劳动强度大。为解决这些问题，已研制出高效圆锥沉淀器代替溜槽用于工业生产中。置换法生产的 Cu 纯度不高（80~90%），后续还需火法、电解精炼。

### 3.2.2.2 溶剂萃取法

溶剂萃取法通常包括浸出、溶剂萃取、电积等三个步骤[7]：

（1）浸出。利用化学试剂将原料中的 Cu 等有价元素溶解进入溶液，与不溶杂质初步分离。

（2）溶剂萃取。利用有机化合物（萃取剂）从浸出液中选择性地把铜提取出来，经反萃后使铜富集，获得纯度和浓度都符合电积要求的铜溶液。含铜较少的萃余液经补酸后返回浸出工序。

（3）电积。采用不溶阳极电积技术，使得萃取、反萃后铜溶液中的铜在阴极析出，进而获得高品质阴极铜。

"浸出—萃取—电积法"的优点是：

（1）萃取剂选择性高，可从低浓度铜溶液（1~5g/L）中直接产出适合电积的电解液（Cu 30~50g/L，$H_2SO_4$ 170~220g/L）。

（2）萃取剂消耗少，萃余液中所含浸出剂（如硫酸）可以返回再利用。

（3）可直接产出优质的电解铜。通过"浸取—萃取—电积"工艺产出的电解铜浓度（质量分数）可达 99.999%以上。

### 3.2.2.3 矿浆电解法

矿浆电解（slurry electrolysis）是近 20 多年发展起来的一种湿法冶金新技术，可将湿法冶金通常包含的浸出和电解结合在一起，主要过程电化学反应如下：

浸出反应　　$2Cu + 2H_2SO_4 + O_2 = 2CuSO_4 + 2H_2O$

通入直流电，阴极：　　$Cu^{2+} + 2e = Cu$

阳极：　　$2H_2O = O_2 + 4H^+ + 4e$

阳极产生的 $H^+$ 和 $O_2$ 正好供给浸出反应，因此，理论上铜的浸出不需外加酸。与传统电解或电积相比，矿浆电解法不仅极大简化了流程、提高了金属回收率，还可充分利用能源、保护环境[8]。

## 3.2.3 火法冶炼

废杂铜来源复杂、铜含量和成分差异大，部分废杂铜不能直接电解精炼，必须先进行火法冶炼。废杂铜的火法冶炼主要有一段法、两段法和三段法[9]。

### 3.2.3.1 一段法

将分选后的高品质废杂铜直接在反射炉中进行精炼，以生产出铜阳极。一段法工艺流程如图 3-2 所示[6]。

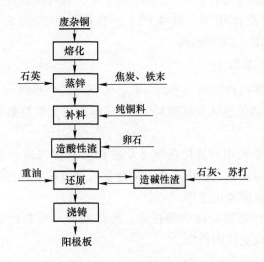

图 3-2 一段法工艺流程

### 3.2.3.2 两段法

该方法包括两个阶段：第一阶段，废杂铜在鼓风炉中还原熔炼，或在转炉中进行吹炼，得到黑铜或次粗铜；第二阶段，黑铜或次粗铜在反射炉中精炼，获得铜阳极。通常，含 Cu 质量分数为 60%～90% 的废杂铜宜用两段法处理，这些废杂铜包括：

（1）被污染的铜及铜合金废料，如切头、铜屑、切余料、板头、铜线、铜及铜基合金废品（如电动机、电视机等）、含铁量高的双金属废料等。

（2）铜基合金生产过程炉渣、矿粗铜火法精炼渣、包渣壳、铸造铜产品垃圾、型砂等。

"鼓风炉熔炼—反射炉精炼"处理高锌杂铜的工艺流程如图 3-3 所示，"转炉吹炼—反射炉精炼"处理高铅锡铜工艺流程如图 3-4 所示[2]。

### 3.2.3.3 三段法

三段法主要包括：鼓风炉熔炼废杂铜，脱去大部分锌并产出黑铜；黑铜在转炉中吹炼，脱去大部分铅和锡，生产出次粗铜；次粗铜在反射炉中进行精炼，产出合格的铜阳极。该方法适合处理难以分类的紫杂铜、黑铜、生产次粗铜所产精炼渣、高铅锡料所得转炉吹炼渣、低品位的黑铜吹炼渣等。三段法的工艺流程如图 3-5 所示[8]。

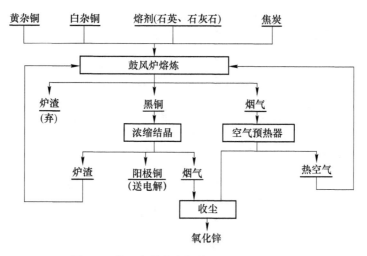

图 3-3 处理高锌废杂铜的二段法工艺流程

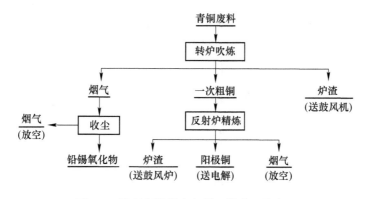

图 3-4 处理高铅锡废杂铜二段法工艺流程

转炉所产粗铜一般在反射炉中进行精炼，也可与矿铜一起在回转精炼炉或新型倾动式精炼炉中进行。

A 火法精炼基本原理

精炼过程主要包括熔化（装冷料时）、氧化（蒸锌、脱铅）、还原和浇铸等工序。熔体氧化期间，熔体一直被 $Cu_2O$ 饱和。随熔体温度升高，$Cu_2O$ 在铜熔体中的溶解度增加。$Cu_2O$ 与杂质元素接触并将杂质元素 M 氧化，反应方程式如下：

$$Cu_2O + M \Longrightarrow 2Cu + MO$$

假设生成的杂质氧化物不溶于液态铜，也不与其他氧化物生成溶于液态铜的化合物，$a_{Cu} = 1$，上述平衡常数为：

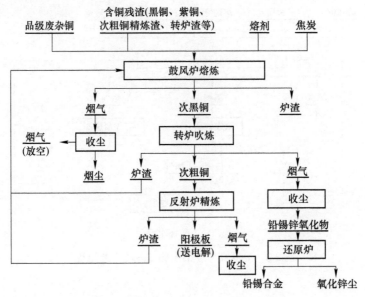

图 3-5 含铜废料处理三段法工艺流程

$$K = \frac{a_{MO}}{a_{Cu_2O} \cdot a_M}$$

杂质在铜液中的极限浓度为:

$$c_M = \frac{a_M}{K \cdot a_{Cu_2O}}$$

式中 $c_M$ ——杂质最低浓度;

$a_M$ ——杂质在一定温度下的活度;

$a_{Cu_2O}$ ——氧化亚铜活度。

根据上式,可计算金属杂质在精铜中残留的最低含量,如:$w(Fe) = 0.001\%$,$w(Ni) = 0.25\%$,$w(As) = 0.66\%$。

常见杂质金属元素在精炼过程中去除方法是不同的。

(1) 锌。处理含锌高的废杂粗铜或黄杂铜时,为加速锌的蒸发,在熔化期和氧化期应提高炉温,并在熔体表面覆盖一层焦炭颗粒,促使其尽可能多地挥发。熔体中含锌较少时,可加入适量石英熔剂,使锌以硅酸盐形态造渣。

(2) 镍、砷、锑属于难去除的杂质。实践证明,当无砷、锑存在时,精铜中镍质量分数最低可达 0.04% ~ 0.2%。当有砷、锑存在时,镍会生成溶于铜熔体的"镍云母"(铜-镍的砷酸盐和锑酸盐),此时,只有加入碱性熔剂(苏打、石灰石、镁砂等)时,才能有效地将镍除去。精炼含砷、锑高的废杂粗铜时,应多次进行氧化还原,使不挥发的五氧化物($As_2O_5$、$Sb_2O_5$)还原成易挥发的三氧化物（$As_2O_3$、$Sb_2O_3$）除去。最后，加入苏打，使残留的五氧化物生成熔点低、不溶于铜液的砷酸盐和锑酸盐造渣后除去。

（3）铅、锡氧化较困难。与镍不同，铅可在酸性炉衬的炉子中生成易熔渣而除去。在碱性炉衬的炉中精炼时，PbO与加入的石英熔剂造渣。锡在氧化时生成的SnO和$SnO_2$均部分可溶于铜。SnO为弱碱性，能与$SiO_2$造渣，还可部分挥发。$SnO_2$为弱酸性，可与$Na_2O$或CaO形成锡酸盐进入渣中。

（4）铋、金、银。铋、铜对氧的亲和力相近，液态时两者完全互溶，同时，氧化铋沸点高难挥发，因此，无法在火法精炼中去除。精炼过程中，金、银会完全进入精炼铜中，电解精炼后进入阳极泥中进一步回收。

当铜中杂质基本入渣后，为防止杂质返溶，应及时将渣完全除去。之后，进入$Cu_2O$还原期。还原兼有金属脱气作用，还原终点控制残氧量（质量分数）为0.03%~0.1%。

B 精炼炉

（1）反射炉一种传统的火法精炼设备，具有结构简单、造价低、原料适应性强、容易操作等优点。然而，热效率低、炉门密闭性差、操作环境恶劣、工人劳动强度大、加料时间长、熔化速度慢等缺点限制了其应用。目前，很多铜冶炼厂都改用回转式精炼炉或倾动式精炼炉进行生产。

反射炉通常具有一个水平的长方形炉体，小型炉子容量10~50t，炉膛宽2~3m，长3~5m，长宽比为1.5~3，熔池深度0.4~0.6m。烧碎煤或块煤时，在炉子头部设有燃烧室（或称火仓）。燃烧室与熔池之间砌有翻火墙，翻火墙高于熔池液面200~300mm。大型精炼反射炉（见图3-6）容量100~400t，长10~15m，宽3~5m[9]。大型反射炉设燃烧室，直接以喷嘴燃烧粉煤、重油或天然气。

主要技术经济指标为：

1）总回收率：精炼黑铜、次粗铜和紫杂铜的总回收率分别为99.6%、96%和99.8%左右。

2）直收率：精炼黑铜、次粗铜和紫杂铜的总回收率分别为93%~95%、75%~78%和96%~98%左右。

3）燃料率：50t容量的反射炉，燃料可达最低消耗。采用重油作燃料，重油发热量按41033kJ计，燃料率为8%~15%（处理固态杂钢）。

4）造渣率：用液体或气体燃料供热时，黑铜造渣率为15%~20%，次粗铜造渣率为25%~30%，紫杂铜造渣率为3%~4%。

5）床能力：容量为100t的精炼炉处理黑铜时为4~4.5t/(m²·d)，处理次粗铜时为3~3.5t/(m²·d)，精炼紫杂铜时为5~6t/(m²·d)（均以重油作燃料）。

6）杂质脱除率：Zn、Fe、Co、S均为90%~99%，Pb为80%~90%，Ni、As、Sb均为0%~50%，Bi为5%。

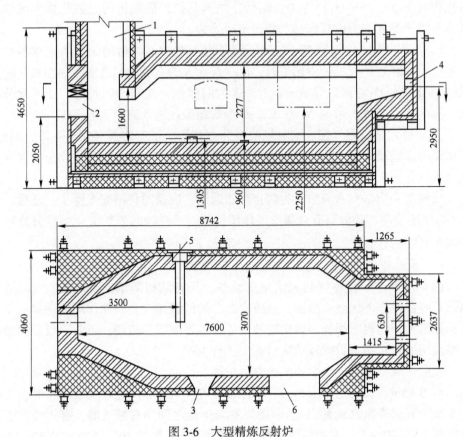

图 3-6  大型精炼反射炉

1—排烟口；2—扒渣口；3—操作门口；4—燃烧器口；5—出铜口；6—加料炉门

（2）回转式精炼炉在 20 世纪 80 年代开始在我国应用。与反射炉相比，回转式精炼炉有以下优点：

1）炉子处理能力大（可达 650t）、劳动生产率高。

2）结构简单、机械化，自动化程度高，取消了插风管、扒渣、放铜等繁重劳动。

3）密封性好，采用负压操作，使环境大为改善，劳动条件变好。同时，减少了热损失，降低了能耗，提高了热效率。

4）降低了材料（风管、耐火泥等）消耗和生产费用。

回转式精炼炉的主要缺点是熔池深、受热面小、冷料熔化速度慢，处理大块杂铜料时较困难、一次投资多。典型的回转式精炼炉如图 3-7 所示[9]。

（3）倾动式精炼炉。20 世纪 60 年代，其中瑞士麦尔兹公司依照钢铁工业的倾动式平炉，结合有色金属冶炼的工艺要求开发成功。其冶金过程和原理与固定式反射炉基本相同，均包括加料、熔化、氧化、还原、浇铸等阶段。典型倾动式

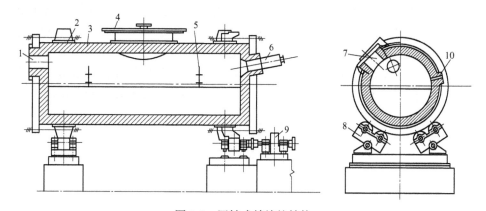

图 3-7 回转式精炼炉结构

1—排烟口；2—壳体；3—砌砖体；4—炉墙；5—氧化还原口；6—燃烧器；

7—炉口；8—托辊；9—传动装置；10—出铜口

精炼炉的结构如图 3-8 所示，其主要优点是：原料适应性强，既可处理固态炉料，

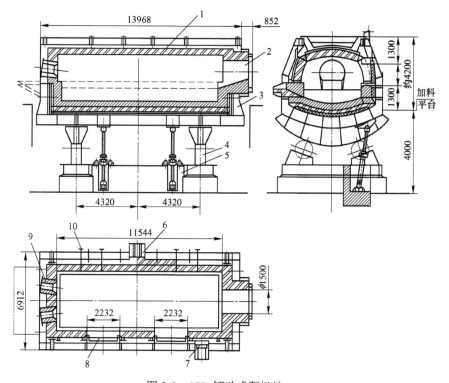

图 3-8 150t 倾动式阳极炉

1—炉顶；2—排烟口；3—钢架；4—支撑装置；5—液压缸；6—出铜口；

7—扒渣口；8—加料口；9—燃烧口；10—氧化还原插管

又可处理液态炉料；加料方便、布料均匀、熔化速度快；传热效果好、热利用率高；可使用气体还原剂，还原剂利用率高，解决了固定式反射炉使用重油作还原剂产生的黑烟污染问题；炉子寿命长，维修方便[9]。

2003年，江西铜业股份有限公司贵溪冶炼厂首次使用倾动炉精炼废杂铜。倾动式精炼炉的容量为55~350t。350t倾动精炼炉主要技术经济参数见表3-7。

**表3-7　350t倾动炉主要技术经济参数**

| 炉子容量 /t | 炉膛面积 /m² | 炉池深 /mm | 烧嘴处油压 /MPa | 氧化期风压 /MPa | 每吨粗铜重油单耗/kg |
|---|---|---|---|---|---|
| 350 | 60 | 950 | 0.6 | 0.3 | 120 |

| 铜回收率 /% | 精炼渣含铜量 /% | 阳极铜品位 /% | 出炉烟气量 /m³·h⁻¹ | 出炉烟气温度 /℃ | 炉体冷却水总量 /t·h⁻¹ |
|---|---|---|---|---|---|
| 99.5 | 30 | 99.45 | 38000 | 1300 | 135 |

## 3.2.4　电解精炼法

### 3.2.4.1　概述

火法精炼后的铜阳极一般含铜98%（质量分数）以上，为进一步提高纯度、综合回收其他有价金属，需要电解精炼铜阳极，常见工艺流程如图3-9[10]所示。

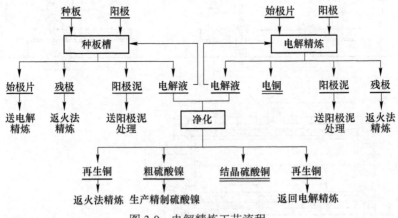

图3-9　电解精炼工艺流程

针对品级低、含镍、砷、锑等杂质元素高的再生铜阳极，电解工艺应适当修正，如采用较低酸度、较低电流密度、使用较多添加剂等。国内外一些高杂质元素含量阳极电解技术条件见表3-8和表3-9。

表3-8　高砷、锑阳极电解的技术条件

| 项目 | 阳极成分 w/% | | | | | 电解液成分/g·L⁻¹ | | | | |
|---|---|---|---|---|---|---|---|---|---|---|
| | Cu | As | Sb | Bi | Pb | Cu | $H_2SO_4$ | Ni | As | Bi |
| 国内某厂 | 98.5~99 | 0.3~0.5 | 0.2~0.4 | 0.1~0.15 | — | 40~45 | 190~210 | 20 | 15~16 | 0.7 |
| 国外1厂 | 97.5 | 0.1 | 0.7 | 0.01 | 0.6 | 40 | 135 | 2.5 | 2.6 | 0.4 |
| 国外2厂 | 98.5 | 0.22 | 0.31 | 0.004 | 0.18 | 45 | 190 | 10 | 8 | 0.6 |

| 项目 | 电流密度/A·m⁻² | 电解液温度/℃ | 极距/mm | 每槽循环速度/L·min⁻¹ | 每吨铜添加剂/g | | | |
|---|---|---|---|---|---|---|---|---|
| | | | | | 胶 | 硫脲 | 干酪素 | 食盐 |
| 国内某厂 | 250~310 | 60~65 | 90 | 25~30 | 40~60 | 30~50 | — | 150~400 |
| 国外1厂 | 194 | 55 | 177.8 | 11 | 349 | — | — | 1000 |
| 国外2厂 | 142 | 60 | — | 15.1 | 25 | 25 | | |

表3-9　高镍阳极电解精炼的技术条件

| 项目 | 阳极成分 w/% | | | | | | 电解液成分/g·L⁻¹ | | |
|---|---|---|---|---|---|---|---|---|---|
| | Cu | Ni | As | Sb | Bi | Pb | Cu | Ni | $H_2SO_4$ |
| 1厂 | >94 | 4~6 | <0.20 | <0.20 | 0.008 | <0.20 | 40~45 | <85 | 100~120 |
| 2厂 | 99.4 | 0.40 | 0.02 | — | 0.0002 | 0.01 | 40~45 | 20~25 | 130~150 |

| 项目 | 电流密度/A·m⁻² | 极距/mm | 每槽循环速度/L·min⁻¹ | 每吨铜添加剂/g | | |
|---|---|---|---|---|---|---|
| | | | | 胶 | 硫脲 | 食盐 |
| 1厂 | ≤130 | 110~130 | 15~20 | 300~350 | 45~60 | 400~50 |
| 2厂 | 250~280 | — | | | | |

### 3.2.4.2　电解精炼基本原理

（1）电极反应火法精炼后浇铸成的阳极板，用纯铜薄片或不锈钢板作阴极，阴、阳极相间地装入电解槽中，用$CuSO_4$和$H_2SO_4$的混合溶液作电解液，进行直流电解。铜及部分贱金属溶解进入溶液，硒、碲等金属成为阳极泥沉于电解槽底。溶液中的铜优先在阴极析出，被称为电解铜[11]。电解液中各组分的反应如下：

$$Cu + H_2SO_4 =\!=\!= CuSO_4 + H_2 \uparrow$$

未通电时，上述反应处于动态平衡，当直流电通过电极和溶液时，阳极上可能的反应如下：

$$Cu - 2e = Cu^{2+}$$

$$H_2O - 2e = 2H^+ + 1/2O_2$$

$$SO_4^{2-} - 2e = SO_3 + 1/2O_2$$

若电解液中含有比铜活性更强的金属（Ni、Fe、Pb、As、Sb 等）时，它们在阳极上发生下列反应：

$$Me - 2e = Me^{2+}$$

式中，Me 表示比铜活性更强的金属，由于它的标准电位比铜低，并且浓度很小，其电极电位更低，从而优先从阳极上溶解到溶液中。$H_2O$ 和 $SO_4^{2-}$ 的标准电位数值很大，通常不可能在阳极上发生放电反应。此外，氧的析出还具有很大的超电压，因此，在铜电解精炼过程中不可能发生析氧反应，只有当铜离子的浓度达到一定程度或电解槽内阳极严重钝化，槽电压升高至 1.7V 以上时才可能有氧在阳极上析出。阳极中 Ag、Pt 等金属不能溶解，而是以粒子状态沉落到电解槽底部，形成阳极泥。

综上所述，铜电解精炼过程中，两极上主要反应是铜在阳极上的溶解和铜离子在阴极上的析出。实际电解时，阳极铜除了以二价铜离子（$Cu^{2+}$）的形式溶解外，还会以一价铜离子（$Cu^+$）的形式溶解，即：

$$Cu - e = Cu^+$$

生成的一价铜离子（$Cu^+$）在有金属铜存在的情况下，和二价铜离子产生下列平衡：

$$2Cu^+ = Cu^{2+} + Cu$$

实际生产过程中，$Cu^+$ 和 $Cu^{2+}$ 间的平衡常会不断受到破坏，主要原因有：

1）$Cu^+$ 被氧化成 $Cu^{2+}$，该反应随温度升高及电解液与空气接触程度的增加而加快，结果使溶液中含铜量增加、硫酸量减少。

$$Cu_2SO_4 + H_2SO_4 + 1/2O_2 = 2CuSO_4 + H_2O$$

2）$Cu^+$ 分解析出铜粉：

$$Cu_2SO_4 = CuSO_4 + Cu(铜粉)$$

产生的铜粉沉入阳极泥，增大了铜的损失，从而降低铜电解直收率。

上述原因都会使 $Cu^+$ 浓度略低于平衡浓度，这也会使得各反应向着 $Cu^+$ 生成方向进行，进而提高阳极的电流效率，降低阴极的电流效率，并导致溶液中 $Cu^{2+}$ 浓度不断增加。$Cu^+$ 分解和氧化的结果，使电解池中游离硫酸含量降低、$CuSO_4$ 浓度增加。阳极中的铜和氧化亚铜以及阴极铜的化学溶解（称为返溶）也会使电解液中的含铜量增加，即：

$$Cu_2O + 2H_2SO_4 + 1/2O_2 = 2CuSO_4 + 2H_2O$$

$$Cu + H_2SO_4 + 1/2O_2 = CuSO_4 + H_2O$$

溶液中游离硫酸浓度的降低，一定程度上促进了 $CuSO_4$ 水解，进一步破坏

$Cu^{2+}$ 与 $Cu^+$ 之间的平衡，并增加阳极泥中的铜量：

$$CuSO_4 + H_2O \Longrightarrow Cu_2O + H_2SO_4$$

如果电解过程中电流密度太小，$Cu^{2+}$ 在阴极上放电会变得不完全而生成 $Cu^+$，$Cu^+$ 在阳极上氧化，从而导致电流效率下降：

$$Cu^{2+} + e \Longrightarrow Cu^+$$

（2）阳极杂质在电解过程中的行为。一些杂铜冶炼厂所产阳极铜的化学成分见表 3-10[10]。

表 3-10　我国一些杂铜冶炼厂阳极铜的化学成分　　　　（w/%）

| 工厂 | 阳极 | Cu | As | Sb | Bi | Pb | Sn | Ni | Fe | Zn | Au /g·t⁻¹ | Ag /g·t⁻¹ |
|---|---|---|---|---|---|---|---|---|---|---|---|---|
| 1 | 黄铜阳极 | >98.8 | <0.20 | <0.20 | <0.08 | <0.20 | <0.06 | 0.1~0.25 | <0.006 | 0.015 | 4~14 | 400~450 |
| | 白铜阳极 | >94.0 | <0.20 | <0.20 | <0.08 | <0.20 | <0.06 | 4~6 | <0.005 | 0.015 | 7~8 | 400~450 |
| | 次粗铜阳极 | >98.9 | <0.20 | <0.20 | 0.015 | <0.20 | <0.20 | <0.30 | 0.003 | 0.01 | 7~8 | 1100~1160 |
| | 紫杂铜阳极 | >98.8 | 0.003~0.15 | <0.02 | <0.002 | <0.04~0.10 | 0.02 | <0.05 | <0.006 | <0.015 | 3~4 | 140~170 |
| 2 | 杂铜阳极 | >99.0 | 0.3 | 0.3 | 0.01 | 0.5 | | 0.5 | — | — | 总和1.2 | |
| 3 | 杂铜阳极 | 99.12 | 0.027 | 0.046 | — | 0.124 | 1.021 | — | — | 0.087 | — | — |
| | | 99.33 | 0.055 | 0.0067 | — | 0.170 | | — | — | 0.094 | — | — |
| | | 99.50 | 0.012 | 0.045 | — | 0.170 | | — | — | 0.073 | — | — |

阳极铜中的杂质主要分为以下 4 类：

1）比铜负电性强的元素，如 Zn、Fe、Sn、Pb、Co、Ni 等。阳极溶解时，这些元素以二价离子状态进入溶液，Pb 和 Sn 由于生成难溶的盐或氧化物，大部分转入阳极泥，其余则在电解液中积累。这些杂质元素的存在会增加硫酸的使用量、增加溶液电阻。

2）比铜正电性强的元素，如 Ag、Au、铂族元素。电解过程中，这些元素不溶于电解液，几乎全部沉于槽底，形成阳极泥。

3）电位接近铜但较铜负电性的元素，如 As、Sb、Bi。这类杂质对铜电解精炼最有害：可溶于电解液；可与 Cu 一起在阴极上析出；可形成漂浮阳极泥，漂浮于电解液中，难于沉降，并机械黏附在阴极上。漂浮阳极泥中以 Pb、As、Sb、Bi 为主，见表 3-11[9]。因此，阴极铜中所含的 As、Sb、Bi 主要是由漂浮阳极泥污染、阴极沉积物晶体间毛细空隙吸附等引起的。

表 3-11　漂浮阳极泥的化学成分　　　　　　　($w/\%$)

| 元素及存在形态 | 含　　量 | 元素及存在形态 | 含　　量 |
|---|---|---|---|
| Cu（呈碱性砷酸盐形态） | 0.6~3 | As | 11.9~18.0 |
| Pb（呈硫酸铅沉淀） | 2.8~7.6 | $SO_4^{2-}$ | 1~4 |
| Bi（呈氢氧化铋沉淀） | 2~8 | $Cl^-$ | 0.2~1.2 |
| Sb | 29.5~48.5 | Ag（银屑） | 0.04~4.00 |

电解过程中，通常采取的除杂措施如下：

①控制电解液的酸度和铜离子浓度，防止铜离子水解和阴极放电；

②维持电解液温度在 55~60℃ 范围内和适当的循环速度；

③采用适当电流密度，常规法电解时电流密度保持在 300A/m² 以下；

④净化电解液，确保电解液中 As ≤ 5g/L，Sb 0.2 ~ 0.5g/L，Bi 0.01 ~ 0.3g/L；

⑤加强电解液过滤，控制电解液中漂浮阳极泥含量不超过 20 mg/L；

⑥添加适量的添加剂，保证阴极铜表面光滑、致密，减少漂浮阳极泥或电解液对阴极铜的污染。

4）其他杂质，如 O、S、Se、Te、Si 等。O、S 会与其他元素形成 NiO、$Cu_2O$、$Cu_2S$ 等难溶于电解液的化合物，电解后进入阳极泥；Se 常会以 $Cu_2Se$ 形式夹杂于 $Cu_2O$ 之间；Te 的主要载体是 $Cu_2Se$-$Cu_2Te$，电解过程中硒化物、碲化物不会溶解，均进入阳极泥。铜电解时，阳极中各成分的走向见表 3-12。

表 3-12　铜电解时阳极中各成分走向　　　　　　($w/\%$)

| 元　素 | 进入电解液 | 进入阳极泥 | 进入阴极 |
|---|---|---|---|
| Cu | 1~2 | 0.03~0.1 | 93~99 |
| Ag | 2 | 97~98 | <1.6 |
| Au | 1 | 99 | <0.5 |
| 铂族 | — | 约100 | 0.05 |
| Se、Te | 2 | 约98 | 1 |
| Pb、Sn | 2 | 约98 | 1 |
| Ni | 75~100 | — | — |
| Fe | 100 | — | — |
| Zn | 100 | — | — |

| 元　素 | 进入电解液 | 进入阳极泥 | 进入阴极 |
|---|---|---|---|
| Al | 约75 | 约25 | 5 |
| As | 60~80 | 20~40 | <10 |
| Sb | 10~60 | 40~90 | <15 |
| Bi | 20~40 | 60~80 | 5 |
| S | — | 95~97 | 3~5 |
| SiO$_2$ | — | 100 | — |

### 3.2.4.3　铜电解精炼的工艺参数和主要经济技术指标

（1）电流密度。一般是指阴极电流密度，即单位阴极板面上通过的电流强度。目前，铜的电流密度一般是220~270A/m$^2$。

（2）电流效率。铜电解精炼的电流效率通常指阴极电流效率，即电解铜的实际产量与按照法拉第定律计算的理论产量之比。若按阳极计则为阳极电流效率，由于阳极溶解时，小部分的铜以Cu$^+$的形态进入溶液（故按Cu$^{2+}$计算的电流效率比阴极电流效率高0.2%~1.7%），因此，电解液中含铜量不断增长。铜电解阴极电流效率为（95±3）%。

（3）槽电压。其包括阳极电位、阴极电位、电解液电阻所引起的电压降、导体上电压降以及槽内各接触点的电压降、阳极表面的阳极泥电压降等。槽电压对铜电解电耗的影响非常大，对电流效率的影响也很显著。实际生产中，电极电位差值（$\varphi_+ - \varphi_-$）占槽电压的25%~28%，电解液电压降$E_p$占30%~37%，接触点及金属导体电压降占8%~42%。槽电压正常范围为0.2~0.25V。

（4）电能消耗。生产1t电解铜所消耗的直流电或交流电的总电能消耗。直流电消耗包括生产电解槽、种板电解槽、脱铜电解槽、线路损失等全部直流电能消耗量，一般每吨电解铜消耗为230~280kW·h。电能的单位消耗决定于电解槽的槽电压和电流效率，并随槽电压升高或电流效率降低而增大[13]。

（5）主要经济技术指标。某五家铜电解精炼厂主要指标见表3-13。

**表3-13　铜电解精炼厂的主要经济技术指标**

| 项　　目 | 工厂1 | 工厂2 | 工厂3 | 工厂4 | 工厂5 |
|---|---|---|---|---|---|
| 电流密度/A·m$^{-2}$ | 230~322 | 230~240 | 221 | 290~300 | — |
| 电流效率/% | 97 | 97.39 | 96 | 97 | 93 |
| 槽电压/V | 0.2~0.4 | — | 0.3 | 0.35 | — |
| 直流电耗/kW·h | 260~280 | 293 | 260~310 | 275~285 | 400 |
| 交流电耗/kW·h | — | — | <380 | — | — |

续表 3-13

| 项 目 | 工厂1 | 工厂2 | 工厂3 | 工厂4 | 工厂5 |
|---|---|---|---|---|---|
| 残极率/% | 17 | — | 16~24 | 16.5 | — |
| 硫酸单耗/kg·h⁻¹ | 3 | 6 | ≤10 | 18 | — |
| 蒸气单耗/t | 1 | — | ≤12 | 0.85 | 0.7 |
| 同极中心距/mm | 75 | 90 | 80 | 90 | 96 |
| 电解液温度/℃ | 62~67 | 58~60 | 54~65 | 62~65 | — |
| 电解液循环速度/L·m⁻¹ | 30~40 | 18~20 | 22 | 20~25 | 15~120 |
| 铜直收率/% | 81~82.5 | — | — | 83 | — |
| 铜总回收率/% | 99.90 | — | >99.80 | | |

## 3.3　废杂铜直接制杆技术

废杂铜的主要应用方向是电线电缆，其直接生产再生铜杆是节能减排的短流程工艺。"十二五"期间，由中国工程院黄崇祺院士领衔，赣州江钨新型合金材料有限公司和上海电缆研究所联合攻关，解决了废杂铜直接制备铜杆的核心关键技术和装备，提高了铜杆的可轧性、可拉性和可退火性，最终制品达到相应的电工用国家标准的要求，以充分用好废杂铜，为国家节约铜资源，废杂铜直接制杆技术路线如图3-10 所示。

废杂铜直接制杆是再生铜最重要的核心技术，其主要研发内容有：

（1）废杂铜的火法精炼工艺及装备的系统研究。研发出废杂铜精炼工艺，开发了满足与之相匹配的炉型及配套装备，如倾动式精炼炉及其燃烧、气氛、温度控制系统，三废处理系统，流槽气氛和温度自动控制系统。

（2）设计了炉区与连铸连轧的铜液流量自动控制系统。研发出浇包流量、液位自动控制系统、连铸机结构选型设计、连轧机结构、传动系统选型设计及其配套装备。

（3）研发出废杂铜预处理及火法精炼相关的"三废"处理技术，包括废杂铜种类、杂质含量、分离、分拣和分级利用技术。

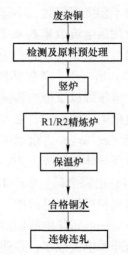

图 3-10　废杂铜直接制杆工艺流程

（4）研究并制定了铜杆质量评估系统及标准。研究出铜杆在线涡流探伤及磁性探伤技术，制定了电工用火法精炼再生铜杆（线坯）YS 标准，建立了再生铜杆质量三性（可轧性、可拉性、可退火性）评估体系的方法，并制定了电工用火法精炼高导电铜杆 NB 标准（电线电缆行业专用标准）。

（5）在赣州江钨新型合金材料有限公司建立国内首条年产 12 万吨紫杂铜火法精炼和紫杂铜火法精炼炉配套的连铸连轧设备的产业化示范线。

### 3.3.1 废杂铜预处理

市场行规废杂铜交易以含铜量为唯一计价依据，但因废杂铜较为复杂、多变，因此，对废杂铜进行分拣和筛分等预处理是必要的。通过圆筒筛对废杂铜预处理，将 1 号废杂铜的铜质量分数提高 1%~2%、2 号废杂铜的铜质量分数提高 2%~3%，经过简单分拣后，可直接入炉组熔化生产，使含铜质量分数 96% 以上废杂铜经火法精炼后提高到 99.90% 以上，含氧量不大于 $400 \times 10^{-6}$。

### 3.3.2 专用耐火材料

根据工艺和使用条件采用不同的耐火材料。研究了铜冶炼炉渣对比不同牌号镁铬砖的侵蚀性，优选以铬镁砖、碳化硅砖为主，辅以部分不定形和异形砖材组成，根据炉型结构及容量大小设计了多种异形砖材，提高了炉体整体寿命至少 2 倍以上，可连续生产达 3~5 年。

反复改进流槽耐火材料，采用改进增强型的不定形浇铸料（高纯刚玉浇注料），调整 $Al_2O_3$ 含量，将体积密度提高到 $3.20t/m^3$，1500℃ 耐压强度大于 80MPa，最高使用温度达 1800℃，提高了流槽抗冲刷和抗剥落能力，使用寿命提高 30% 以上，减少剥落料进入铜水，提高铜水质量，减少产品夹杂。

### 3.3.3 技术装备

废杂铜直接制杆系统由炉组、连铸连轧和电控系统组成。

炉组部分包括 1 台竖炉、2 台倾动精炼炉和 1 台保温炉，可实现连续大规模生产，实现可视化界面调节和控制工艺参数。炉组配备先进高效的气体净化技术和其他辅助手段，满足废杂铜强化冶炼和高效除杂新技术和短流程工艺，可实现温度和氧含量精确控制，提高产品质量稳定。燃烧系统可根据物料需要自动调节，实现了界面操作和可调可控。加强了安全事故风险点的防范、报警及应对措施，保证整体炉组安全可靠，如具有漏铜紧急措施、突然停电紧急措施、燃烧系统突发事故紧急措施等。炉组组合既可使用含铜量 96% 以上洁净的废杂铜，也可使用电解铜，都能生产高导电合格的铜杆，天然气消耗为 $90m^3/t$ 铜杆，仅为国内传统能耗的一半，节能效果显著。

连铸连轧部分包括五轮连铸机、前牵引装置、滚剪机、校直去角机、初轧机+精轧机、铜杆还原冷却系统、液压成圈收杆装置、液压打包装置。连铸机液位自动控制，降低了劳动强度，确保了铸条和铜杆高质、稳定生产。优化了两辊悬臂式轧机设计，轧辊线速可单独调整、使用寿命长、生产成本低、生产效率高；轧机孔型和导卫可实现快速调整。连铸机段的软水循环冷却系统主要用于冷却铸机铸轮及钢带。用于冷却铸轮内、外及侧面的低压支路中的软水温度、压力可控、可调、可显示，由 PLC 全程控制；用于钢带除炭黑的高压支路中的软水有压力显示，压力可调，可保证连铸机段铸条的质量。连轧机段的粗、精轧乳化液连续过滤循环冷却系统主要用于对连轧机的粗轧段和精轧段进行冷却和润滑；高压乳化液除氧化皮系统主要用于对轧机中的铸条和轧件进行高压除氧化皮。采用了先进的过滤装置，增添了高压除氧化皮系统，其中低压支路中的乳化液流量、压力可显示。连轧机段的润滑油系统主要用于全部轧制机架的传动变速箱和机架中的轴承的润滑。润滑油的温度和压力可控、可调、可显示，可充分保证生产线的稳定连续生产。还原清洗冷却系统主要用于对冷却管的各个进液包供给还原清洗冷却液，对连续高速通过冷却管的铜杆实行清洗和冷却，并可回收铜粉。铜杆表面连续涂蜡可免受氧化。

电控系统包括全流程检测和控制系统，主要由冶炼控制系统、电气控制系统、液位自动控制系统、浇铸自动控制系统、连铸连轧控制系统等组成，实现冶炼、浇铸、制杆等全流程自动化。开发了液位自动控制系统、轧辊单独传动自动控制系统、在线质量检测与控制系统和生产线电气安全系统。

### 3.3.4　行业标准

制定了再生铜杆质量评估体系和认证体系，建立了质量评估体系测试验条件；开展了国内各类再生铜杆的检测分析研究，完成了大量试验研究分析，确定了国内再生铜杆制品综合性能指标，提出了质量评估体系和认证体系。经过 3 年努力，由赣州江钨新型合金材料有限公司牵头起草的《电工用火法精炼再生铜线坯》（YS/T 793—2012）行标获国家工业和信息化部公告批准（2012 年第 20号），2012 年 11 月 1 日起正式实施。

### 3.3.5　生产线建设

2007 年，赣州江钨新型合金材料有限公司消化吸收了西班牙、意大利废杂铜火法精炼连铸连轧直接制杆技术，实现了集成创新，形成年产 12 万吨生产线。该生产线增设了废杂铜预处理系统，改进并实现了快速除杂的新工艺，实现了含铜量96%及以上的废杂铜直接入炉连续生产电工用合格的铜水（Cu+Ag 大于99.90%、氧含量小于 $400×10^{-6}$），首次使用低品位废杂铜生产电工用铜杆。研究

并使用能满足各炉组不同的国产化耐火材料，大幅度提高了耐火材料的使用寿命
（30%左右），成本降低30%左右，减少非金属夹杂进入铜水而影响产品的质量。
实现了连铸液位自动控制系统与冶金炉组系统的联动控制，保证了铸条的质量稳
定性，从而也提高了铜杆质量。改进的铜杆质量在线监控系统，使铜杆质量更加
直观实时监控。采用了五轮式连铸、两辊式连轧及其整个辅助系统，实现了整个
生产线的自动化操作，为改善和稳定铜杆的质量创造了条件。

　　以铜质量分数大于96%以上的废杂铜通过火法精炼直接连铸连轧生产的铜
杆，其产品质量经国家电线电缆检测中心检测，其主成分（铜+银）不小于
99.90%，导电率不小于100.5% IACS，含氧量小于$400 \times 10^{-6}$，延伸率不小于
38%以上，完全达到国家和行业标准。图3-11是年产12万吨废杂铜直接制杆生
产线全景图。

图3-11　废杂铜直接制杆生产线

## 参 考 文 献

［1］王成彦，王忠.铜的再生与循环利用［M］.长沙：中南大学出版社，2010.

［2］中国有色金属工业协会.中国再生有色金属［M］.北京：冶金工业出版社，2013.

［3］丁涛，杨敬增.废电线电缆中铜材料回收的工艺研究与设备分析［J］.有色金属（矿山
　　部分），2014，66（3）：68-71.

［4］张何元，陈劲松，谢东山.再生铜产业专利现状分析与研究［J］.科技情报开发与经济，
　　2013，23（22）：121-123.

［5］罗震，李洋，敖三三，等.回收废旧线缆中金属与绝缘外皮的方法和设备［P］.中国：
　　201010604904，2011.06.29.

［6］郭介高，崔坤娜.再生铜生产［M］.北京：冶金工业出版社，1983.

［7］孙涛涛，唐小利，李越.核心专利的识别方法及其实证研究［J］.图书情报工作，2012，
　　4：80-84.

[8] 彭容秋. 重金属冶金学 [M]. 长沙：中南工业大学出版社，1991.

[9] 陈国发. 重金属冶金学 [M]. 北京：冶金工业出版社，1992.

[10] 姜金龙，徐金城，吴玉萍. 再生铜的生命周期评价 [J]. 兰州理工大学学报，2006，32 (3)：4-6.

[11] Roberto A. Bobadilla-Fazzini, Patricia Piña, Veronica Gautier, et al. Mesophilic inoculation enhances primary and secondary copper sulfide bioleaching altering the microbial & mineralogical ore dynamics [J]. Hydrometallurgy, 2016.

[12] 彭彭. 2013 年中国再生有色金属产业十大新闻 [N]. 中国有色金属报，2014，22 (1).

[13] Romy S. Edwin, Mieke De Schepper, Elke Gruyaert, et al. Effect of secondary copper slag as cementitious material in ultra-high performance mortar [J]. Construction and Building Materials, 2016, 119：31-44.

# 4 铝循环利用技术

铝是战略性金属之一，是国民经济和国防军工最重要的基础原材料，广泛应用于航空航天、交通运输、包装等各领域[1]。我国铝土矿资源贫乏。据美国国家地质局发布的《Mineral Commodity Summaries 2015》显示：2014 年我国铝土矿探明储量为 8.3 亿吨（占世界 2.96%），铝土矿产量 4700 万吨（占世界 21%），铝土矿进口量 7075 万吨，对外依存度达 60%，铝土矿资源保障与经济社会发展的约束性矛盾日益加剧。与此同时，我国铝合金社会保有量已超 2.12 亿吨，2015 年废杂铝产量超过 650 万吨。与原生铝相比，废杂铝循环利用节能 95% ~ 97%、减排二氧化碳 95% 和节水 97%。因此，废杂铝循环利用是实现我国铝工业的可持续发展、保护生态环境的必经之路。

## 4.1 废杂铝来源与分类

### 4.1.1 废杂铝来源

废杂铝来源广泛，主要来自生活领域、铝加工领域和铝（铝合金）熔炼领域[2]。

（1）生活领域的废铝包括废铝质包装、废铝制餐具、铝水壶、废家用电器中的零部件（如废铝零件、废导线、废包装物等）、废铝合金门窗、报废机电设备中的废铝制零件（如废交通工具中的含铝零部件、废模具、废内燃机活塞、废电缆、废铝管）等。

（2）铝制品加工领域产生的废铝料主要包括铝和铝合金机械加工（车、铣、刨、磨）时产生的报废铝产品、边角料、废次材、铝屑、浇冒口废铝铸件等。

（3）铝和铝合金熔炼过程中产生的铝灰的含铝量与所选用的覆盖剂、熔炼技术等有关，通常含铝量（质量分数）在 10% 以下，高的可达 20% 以上。

### 4.1.2 废杂铝分类

通常，废杂铝可分为新废杂铝与旧废杂铝两类。新废杂铝是指铝及其合金生产过程中产生的工艺废料及因成分、性能等不合格而报废的产品。旧废杂铝指的是使用过程中报废的铝制品（如旧铝门窗、废铝易拉罐及各种铝容器、报废的铝制零部件等）和铝制品加工过程中产生废料和废品（如加工铝制铸件或锻件时产生的废料、切屑、废件等）。根据 GB/T 13586—2006，废杂铝也可分为变形铝合金废料、铸造铝合金废料、铝及铝合金屑、铝及铝合金碎片和铝灰渣等五大类。实际生产过程中，废杂铝可分为单一品种废杂铝、废杂铝切片、混杂的废铝料、焚烧后的碎废铝料、混杂的碎废铝料和铝灰渣等六大类。

（1）单一品种废杂铝通常是某一类废零部件，如汽车减速机壳、内燃机活塞、汽车轮毂、铝门窗等，是优质的再生铝原料。

（2）废杂铝切片由报废汽车、废弃电器等体积较大的废铝部件经机械破碎、分选等工序处理后得到的一种废铝物料，一般含铝量（质量分数）80%~95%。废铝切片的冶炼比较容易，熔剂消耗少，金属回收率高，是一种优质的再生铝原料。

（3）混杂的废铝料除废铝外，这类原料中还含有一定数量的废钢铁、废铅、废锌等金属及废橡胶、废木料、废塑料、石子等。此类废料成分复杂，但废铝块较大，表面清晰，通常容易分选。

（4）焚烧后的碎废铝料主要是由各种报废家用电器经破碎、焚烧、分选后得到的粉碎料，铝含量（质量分数）一般在40%~60%左右。除铝以外，还含有废钢铁、石块、少量的铜等有色金属。焚烧过程中，部分铝和低熔点的物质（如锌、铅、锡等）会熔化，并与其他物料形成表面玻璃状的物料，后续分选困难。

（5）混杂的碎废铝料通常含有各类废铝40%~50%，其余部分是废钢铁、少量的铅和铜、大量的垃圾、石子和土、废塑料、废纸等。其中泥土约占25%，废钢约占10%~20%，石子占3%~5%。

（6）铝灰渣铝及铝合金是在熔炼过程中产生的一种含铝固体废弃物，通常含铝量（质量分数）在10%以下。

## 4.2 废杂铝预处理

废杂铝来源广泛，含较多的杂质，如各种有机质（塑料类物质、木材）、水分、泥土和金属等，在熔炼过程中会造成以下不利影响：

（1）合金熔体严重吸气，进而使得铸锭产生气孔、疏松等缺陷。

（2）部分非铝金属杂质的混入会造成材料成分的偏差、性能恶化。

（3）非金属矿物的混入会形成非金属夹杂，使得材料品质、性能下降。

因此，废杂铝必须进行预处理后循环利用。

为了最大程度地去除金属和非金属等杂质，并使废杂铝有效地按合金成分分类，较好的分选方法是根据主合金成分将废杂铝分类，如合金铝、铝镁合金、铝铜合金、铝锌合金、铝硅合金等。这样可以降低熔炼过程中除杂和成分调整的难

度，并可综合利用废杂铝原料中的合金成分。目前，废杂铝预处理技术主要包括
有机物脱除、风选、磁选、浮选、涡流分选等[3]。

### 4.2.1 有机物脱除

包装废杂铝、涂装废杂铝和机加工铝屑等通常含有油漆等有机物涂层，如废
铝易拉罐、牙膏皮、铝屑、蒙皮等。上述废杂铝熔炼过程中因有机涂层的燃烧产
生空气污染、部分铝氧化、铝熔体中气体含量增加等，进而影响再生铝的品质。
废杂铝有机物脱除方法可分为湿法和干法两大类。

（1）湿法利用某种溶剂浸泡废杂铝，使有机物脱落或被溶剂溶掉。该方法
的缺点是产生的废液量大，后续处理困难。

（2）干法即火法，一般采用回转窑焙烧的方法进行有机物的热脱除。焙烧
的热量来自加热炉的热风及有机物涂层炭化过程产生的热。在实际生产过程中，
回转窑定速旋转，废铝表面的有机物在一定温度下逐渐炭化。在物料之间相互碰
撞和震动的作用下，炭化物从废铝上脱落。该方法的优点是热效率高、处理量
大等。

张深根等[4]发明了一种用于废旧金属油漆层热脱除的装备和方法。该发明
设计了具有将含油漆层的废旧金属烘干、无污染热脱漆功能的装备，可将物料均
匀烘干、可控氧分压旋转连续高效热无污染脱漆，其装备如图4-1所示。具体方
法简述如下：

1）烘干处理：打开闸板阀（1）3和闸板阀（2）7，通过进料口2和进料仓
1将含油漆层废旧金属加入到炉管10中，开启炉体旋转和加热开关，控制炉管
倾角为0°~30°，转速为0~50r/min，温度为60~140℃，处理时间为5~60min。

2）氧分压控制：关闭阀门（2）6、闸板阀（2）7、阀门（3）8、闸板阀
（3）13和阀门（5）15，开启机械泵11和阀门（4）12进行抽真空；当炉管10
气压低于200Pa时，关闭机械泵11和阀门（4）12，打开阀门（3）8向炉管10
充入可控气氛，氧气分压0~0.08atm（1atm=101.325kPa）。

3）旋转脱油漆：以5~10℃/min升温速率将炉管10升温至240~600℃热脱
漆10~90min，炉管10转速为0~50r/min，使含油漆层废旧金属在炉管10往复运
动均匀脱漆。

4）出料：关闭阀门（3）8，打开闸板阀（3）13和闸板阀（4）17，炉管
10反转将脱漆后的废旧金属经隔离仓（2）14送出。

根据上述一种用于废旧金属油漆层热脱除的方法，实现废旧金属表面油漆层
连续热脱除的方法是：将含油漆层废旧金属预先储存在隔离仓（1）5，并进行
抽真空，气压低于200Pa，充入与炉管10热脱漆一致的气氛，以便连续进料；将
脱漆后的废旧金属储存于隔离仓（2）14，以便连续热脱漆。

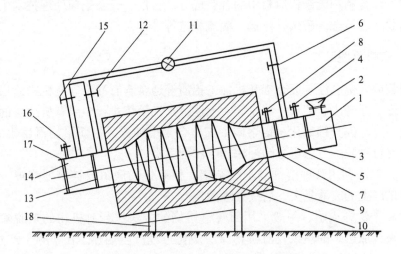

图 4-1 废旧金属油漆层热脱除装备示意图

1—进料仓；2—进料口；3—闸板阀（1）；4—阀门（1）；5—隔离仓（1）；6—阀门（2）；
7—闸板阀（2）；8—阀门（3）；9—加热炉；10—炉管；11—机械泵；12—阀门（4）；
13—闸板阀（3）；14—隔离仓（2）；15—阀门（5）；16—阀门（6）；17—闸板阀（4）；18—底座

北京科技大学张深根等[5]发明了一种含油工业废弃物的无污染连续处理设备及方法。该发明设计了含油工业废弃物的连续处理设备如图 4-2 所示，可实现含油废弃物除水、除油、焙烧、还原等，工艺流程短、成本低、无二次污染，可连续处理含油工业废弃物，可实现含油工业废弃物的绿色循环高值化再利用，具有良好的经济、社会和环保效益。

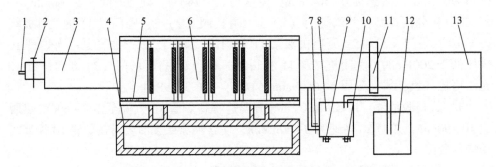

图 4-2 含油工业废弃物的连续处理设备示意图

1—进气口；2—进气阀门；3—加料仓；4—底座；5—滑轨；6—热处理仓；
7—阀门；8—热交换器；9—放水阀门；10—放油阀门；11—出料阀门；12—尾气处理器；13—出料仓

该发明的含油工业废弃物的无污染连续去除有机物工艺包括以下步骤（见图 4-3）：

（1）除水处理：将含油工业废弃物通过加料仓加入到热处理仓中，打开进气阀门，关闭出料阀门，经进气口通入惰性气体，在温度为 100~200℃下进行低温蒸馏除水处理 10~180min，打开阀门，通过热交换器将水冷却，打开放水阀门放出冷却后的水，惰性气体为氮气或氩气。

（2）除油处理：打开进气阀门，通过进气口向所述热处理仓 6 中通入惰性气体，在温度为 100~600℃范围内，保温 1~3h，打开阀门，通过热交换器将油气冷却，打开放油阀门放出冷却后的油分，惰性气体为氮气或氩气。

（3）焙烧处理：经过上述除水、除油处理步骤的含油工业废弃物在热处理仓内，打开进气阀门，通过进气口向所述热处理仓中通入空气，在温度为 500~900℃下进行焙烧。

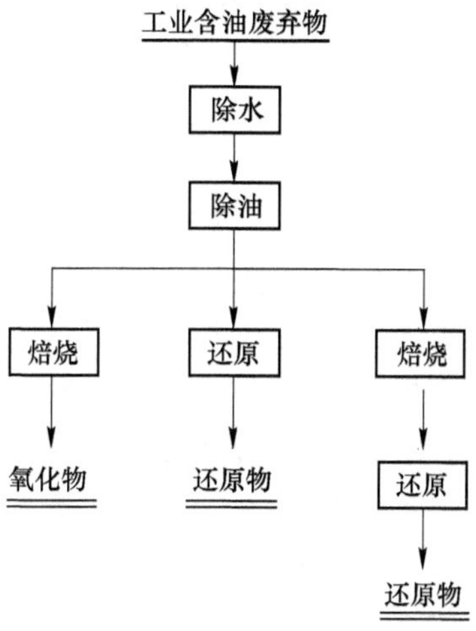

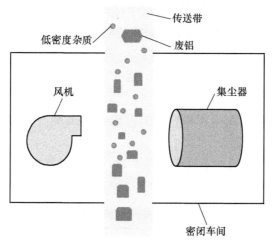

图 4-3　含油工业废弃物脱油工艺流程

（4）还原处理：经过上述处理步骤的含油工业废弃物在热处理仓内，在温度为 800~1200℃下、通入 $H_2$，还原 2~4h。

### 4.2.2　风选

风选是根据材料密度的差异，利用风力将废杂铝中密度比铝小的橡胶、塑料、木头、纸屑等杂质进行分离的方法，其工作原理如图 4-4 所示。风选分离法的工艺简单，操作方便，能够高效地分离出大部分轻质杂质。为避免处理过程中

图 4-4　风选法示意图

粉尘对人体的危害和环境的污染，风选分离法应配备较好的收尘系统和相对密闭的工作区域。分选出的废纸、废塑料等通常可作为燃料使用[6]。

### 4.2.3　磁选

　　铁磁性金属对铝合金力学性能的影响很大，因此，废杂铝预处理工序中应尽可能分选出废钢铁。磁选法是分离废钢铁最有效的方法，可以方便高效地将铁磁性杂质从废杂铝中去除。按照磁源的不同，磁选法可分为永磁和电磁两类。永磁分离结构简单，不需要整流及其他控制装置，磁场均匀，分离效率高，可在较高温（70℃）下连续工作。电磁分离的工作温度一般不高于40℃[7]，因此，永磁分离技术的应用更为广泛。永磁分离工作原理如图4-5所示，右边的皮带轮半边通常由钕铁硼磁体制成，具有

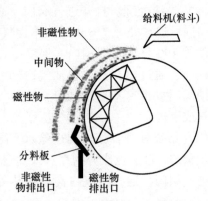

图 4-5　永磁分离示意图

很好的分离效率。当废铝经过磁选分离器时，含铁碎片被皮带轮吸引通过传送带分离，铝等非铁材料掉进皮带轮之间的槽内。

　　磁选法适于处理废杂铝切片、碎铝废料等小块废铝料，为进一步提高磁选效率，实际生产中磁选法往往与手工分选相结合。

### 4.2.4　浮选

　　浮选法是利用材料密度差将废杂铝中轻质材料（废塑料、废木头、废橡胶等）分离的一种方法。废杂铝料中各物质的密度见表4-1[8]。根据浮选介质的不同，浮选法可分为干式浮选和湿式浮选：

　　（1）干式浮选，采用干砂为介质，通入高压空气使其流化，废料进入前需烘干和脱油。

　　（2）湿式浮选是当前应用最广泛的浮选分离技术，通常采用水为介质，主要设备是螺旋式的推进器。

　　浮选过程中，废杂铝随螺旋推进器推出，泥土、灰尘等易溶物质被水冲走，进入沉降池。

表 4-1　废杂铝中各物质的密度

| 材料 | 泡沫塑料 | 木头 | 天然橡胶 | 聚丙烯 | 铝及铝合金 | 锌及锌合金 | 镁及镁合金 |
|---|---|---|---|---|---|---|---|
| 密度/t·m⁻³ | 0.01~0.6 | 0.4~0.8 | 0.83~0.91 | 0.9 | 2.6~2.9 | 5.2~7.2 | 1.74~1.88 |

| 材料 | 空心铝 | 聚乙烯 | 聚氯乙烯 | 不锈钢 | 黄铜、青铜 | 铜及铜合金 | 铅及铅合金 |
|---|---|---|---|---|---|---|---|
| 密度/t·m$^{-3}$ | 2.2~2.5 | 1.0~1.1 | 1.4 | 7.5~7.7 | 5.2~7.2 | 7.5~7.9 | 10.7~11.3 |

　　湿式浮选法可分离出废杂铝中大部分杂质，但为了在分离处理过程中保持分离介质密度不变，需配置较大的分离容器及较好的封闭回路净化系统，投资较大。此外，该方法的分选效果受废料形状影响较大，如部分密度大的空心材料浮选过程中也可能上浮，从而影响分离效果。为了提高分选效率，组合多种浮选剂的多段浮选方法被开发出来[9]：第一段，采用水（密度为 1）为分离介质，分离出大部分的非金属物质（如塑料、木头、橡胶等）；第二段，采用磁铁矿溶液（密度为 2.5）分离介质，分离出空心铝、镁合金、塑料等；第三段，采用硅铁矿溶液（密度为 3.5）分离介质，分离出重物质（如锌、钢、铜、铅等）。

### 4.2.5 涡流分选

　　在交变磁场中，金属材料内部会产生涡电流，而磁场对带涡电流的金属会产生洛伦兹力。当洛伦兹力大于金属颗粒所受的重力、离心力、摩擦力等阻力时，金属颗粒会被抛出。由于电导率和密度不同，不同金属颗粒所受的洛伦兹力不同，不同金属颗粒产生平抛运动的距离也不同，因此，可以将不同种类的金属进行分离。涡流分选如图 4-6 所示[10]。

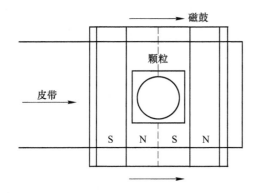 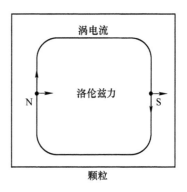

图 4-6　涡流分选原理图

　　涡流分选过程中，金属颗粒所受洛伦磁力的大小可由式（4-1）表示[11]：

$$F_d = K B_e^2 f m \frac{\sigma}{\rho} p \tag{4-1}$$

式中　$K$ ——磁鼓系统有关的参数；

　　　　$B_e$ ——磁感应强度；

    $f$——磁场的振荡频率;

    $m$——金属颗粒的质量;

    $\sigma$——金属颗粒的电导率;

    $\rho$——颗粒的密度;

    $p$——与颗粒的形状、大小、磁场中的方向相关的参数。

涡流分选不仅可将废杂铝与非金属废料(如塑料、玻璃、橡胶等)进行分离,还可将其他有色金属(如铜、镁、锌等)进行分离,分离效率高,生产成本低。涡流分选对小颗粒(粒度10mm以下)物料的分离效率不高,如何提高小颗粒物料的涡流分选效率成为研究热点。Zhang 等[12]研究了废旧电脑中含铝材料的涡流分选,研究结果表明,当磁鼓进给速度为 0.3kg/min 时,7~10mm 铝废料的除杂率可达 90% 以上。涡流分选的投资成本高昂,这在一定程度上限制了其广泛应用。

# 4.3 废铝易拉罐保级还原技术

铝易拉罐以其轻巧美观、安全方便、便于运输等特点而被广泛应用,全球年需求量 2100 亿只左右[13,14],约占全球金属容器产量的 50% 以上。近年来,随着我国饮料等相关市场需求的迅速扩大,铝制易拉罐使用量的增长十分迅速。2003~2010 年,我国铝制易拉罐消费量年平均增长率为 7.5%[15]。2015 年我国铝制易拉罐消费量将达 330 亿只,消耗优质铝材 55 万吨。与传统的"铝土矿—电解铝—易拉罐用铝"的生产模式相比,由废铝易拉罐循环再生新易拉罐可节省 97% 的能源,减少 95% 的 $CO_2$ 排放和 97% 的水污染,具有经济和环保的双重效益[1,2]。

目前,我国的废铝易拉罐年回收率达 99% 以上,但与西方发达国家相比,我国废铝易拉罐主要降级用于生产炼钢脱氧剂、低级别铝粉、建筑用低档铝产品等。

## 4.3.1 铝易拉罐的概述

铝易拉罐大致可分为三片罐和两片罐两种,三片罐由罐体、罐底和罐盖组成,两片罐是由罐身(罐体和罐底为一整体)及罐盖组成。罐体和罐底常用 3004、3104 铝合金材料,罐盖及拉环常用 5052、5082、5182 铝合金材料,各种铝合金成分见表 4-2[16]。

因回收的废铝易拉罐变形严重,为方便运输通常进行打包压实,从经济和实际情况出发,一般不进行罐体、罐盖和拉环的分离,直接进行回收再利用。废铝易拉罐保级还原再生利用主要有以下难题:

表 4-2 铝易拉罐各部分的成分 (w/%)

| 部位及牌号 | Si | Fe | Cu | Mn | Mg | Zn | Cr | Ga | V | Ti |
|---|---|---|---|---|---|---|---|---|---|---|
| 罐体 3004 | ≤0.30 | ≤0.70 | ≤0.25 | 1.0~1.5 | 0.8~1.3 | ≤0.25 | — | — | — | — |
| 罐体 3104 | ≤0.60 | ≤0.80 | 0.05~0.25 | 0.8~1.4 | 0.8~1.3 | ≤0.25 | — | ≤0.05 | ≤0.05 | ≤0.10 |
| 拉环 5052 | ≤0.25 | ≤0.40 | ≤0.10 | ≤0.10 | 2.2~2.8 | ≤0.10 | 0.15~0.35 | — | — | — |
| 罐盖 5082 | ≤0.20 | ≤0.35 | ≤0.15 | ≤0.15 | 4.0~5.0 | ≤0.25 | ≤0.15 | — | — | ≤0.10 |
| 罐盖 5182 | ≤0.20 | ≤0.35 | ≤0.25 | 0.2~0.5 | 4.0~5.0 | ≤0.25 | ≤0.10 | — | — | ≤0.10 |

（1）废铝易拉罐的罐体与盖、拉环的铝合金成分不同，很难进行体、盖、环的分离。

（2）废铝易拉罐表面漆容易产生污染，并影响再生铝合金的质量和回收率。

（3）废铝易拉罐质地薄，表面积大，熔炼氧化烧损严重，金属回收率低。

（4）废铝易拉罐来源广泛，预处理难度大，熔炼时易引入杂质到铝合金熔液，造成合金成分复杂，调整难度加大。

（5）废铝易拉罐铝合金铸锭组织控制难度大。

人们对废铝易拉罐的再利用进行了大量的研究，如：Alvarez[17] 和 Ozgen 等[18]利用废铝易拉罐圆筒状态特点，开展了以废铝易拉罐为原料制备太阳能集热器吸热板的研究；Rabah[19] 等以废铝易拉罐为原料，制备出标准铝—镁合金和硫酸盐和氯化物等盐类；Martínez[20,21] 和 Asencios 等[22] 使用浓硫酸脱漆后的废铝易拉罐片为原料，利用铝片与氢氧化钠的反应，来制备 （PEM）燃料电池和 $\gamma$-$Al_2O_3$；Chotisuwan 等[23]首先将废铝易拉罐分别与异丙醇和氢氧化钾反应，制得异丙醇铝和氢氧化铝，然后利用溶胶—凝胶法制备介孔氧化铝材料；也有研究提出将废铝易拉罐进行焚烧[22-24]，焚烧后的底灰用于铺路、填坑、堆放等。上述处理方法普遍存在过程繁琐、不适于大规模生产等缺点。此外，将废铝易拉罐作为冶炼熔剂或低档铝合金生产原料的做法时有报道，这样的回收方法降低了易拉罐用铝合金的价值，会造成资源极大的浪费。

20 世纪 80 年代，美国首次提出由"废罐"制"新罐"的闭路循环思路[27]，即"Can to Can"。最初美国的废铝易拉罐回收率仅为 15% 左右，经过多年的发展，2011 年达到了 65.1%，2015 年这一数值可达 75%。在美国之后，日本、巴西等国家也相继进行了"Can to Can"的产业化应用[28-30]。日本对废铝易拉罐的回收再利用非常重视，2005 年回收率已超过 90%，除 2008 年外，近几年的回收率均在 92% 之上；巴西是废铝易拉罐回收再利用的后起之秀，自 2001 年以来，已成为世界铝易拉罐回收的领先国，2011 年回收率高达 98.3%。2007~2011 年，美国、日本、巴西三国的废铝易拉罐利用情况见表 4-3。

表 4-3　美国、日本、巴西三国的废铝易拉罐回收率

| 国家 | 2007 年 | 2008 年 | 2009 年 | 2010 年 | 2011 年 |
| --- | --- | --- | --- | --- | --- |
| 美国 | 53.8% | 54.2% | 57.4% | 58.1% | 65.1% |
| 日本 | 92.7% | 87.3% | 93.4% | 92.6% | 92.5% |
| 巴西 | 96.5% | 91.5% | 98.2% | 97.6% | 98.3% |

目前，全球约有 62% 的铝罐料是由废铝易拉罐再生后生产的[17]。在美国，超过 95% 的废铝易拉罐回收后被制成铝罐料，制成的新易拉罐可以在最短 60 天的时间内又回到超市的货架上。实践证明废铝易拉罐的保级还原利用才是易拉罐再利用的最佳途径。典型的废铝易拉罐"Can to Can"循环工艺流程如图 4-7 所示。

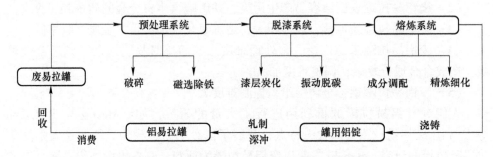

图 4-7　废铝易拉罐"Can to Can"循环工艺流程

## 4.3.2　废铝易拉罐脱漆技术

### 4.3.2.1　废铝易拉罐脱漆方法

废铝易拉罐的脱漆技术主要有机械脱漆、浓硫酸脱漆、有机溶剂脱漆和热脱漆等。

（1）机械脱漆是通过机械摩擦使漆层脱落的方法，通常包括手工打磨、动力工具打磨、喷砂（丸）、高压水（磨料）射流等方法。该方法的处理量较低，处理效果受摩擦介质影响较大，无法对碎铝料进行处理。

（2）浓硫酸脱漆是利用浓硫酸使废铝易拉罐表面有机物脱水炭化后分离的方法，浓硫酸浓度为 50% 左右。浓硫酸脱漆的初始处理速度很快，一般只需几分钟即可将废铝易拉罐表面的漆层清除干净。然而，长时间处理后硫酸溶液的浓度、流动性等显著下降，进而会导致脱漆效率显著下降。该方法对设备的腐蚀性较大，生产操作环境恶劣，在实际应用中受到很大限制。

（3）有机溶剂脱漆是利用极性溶剂分子与漆层分子间较强的结合力，致使有机物分子脱离基体表面的方法，其主要依赖于溶解、渗透、溶胀、剥离、反应

等过程的综合作用[30]。大多数市售溶剂型脱漆剂是以卤代烃、苯酚等物质为主要成分，溶解能力好、脱漆速度快、效率高，但同时也衍生出毒性大、挥发性强、污染严重等问题。近年来，环境友好的溶剂型脱漆剂被开发出来，主要包括水性脱漆剂、乳液型脱漆剂和低毒低挥发性脱漆剂[31,32]。林阳书等[33]采用脂肪醇环氧乙烷缩合物、异构烷基醇醚、烷基甲基氯化铵、烷基多糖苷、脂肪醇聚氧乙烯醚为脱漆清洗剂，并加入一定量的氢氧化钠，进行了脱漆清洗实验。结果表明，该清洗剂具有较好的清洗效果。溶剂脱漆法多用于飞机、轮船等大型器件的修复性脱漆[34]，不适用于批量处理废铝易拉罐等小物件。

（4）热脱漆是利用高温使漆层中有机物发生反应，进而脱除的方法，主要包括同流法、逆流法、直交法[30,35,36]等。热脱漆的工艺简单、脱漆率高、处理量大、环境协调性好，是目前工业中应用最为广泛的方法之一。

#### 4.3.2.2 废铝易拉罐热脱漆

废铝易拉罐热脱漆方法主要包括同流回转窑脱漆法和逆流回转窑脱漆法，如图4-8所示。

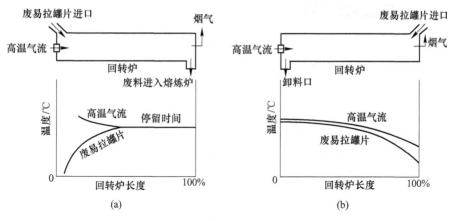

图 4-8　废易拉罐片回转窑热脱漆示意图
（a）同流法；（b）逆流法

（1）同流式回转窑脱漆法。在该脱漆回转窑中，高温气体流向与废铝易拉罐碎片的运动方向一致，如图4-8（a）所示。易拉罐片在常温下进入回转窑，500~550℃出窑。高温气体入窑的温度为780~900℃，出窑温度500~550℃。在回转窑内，废铝易拉罐片和高温气流间的热交换迅速，当废铝易拉罐片表面温度达到300℃时，其表层有机物开始分解。当易拉罐片的温度升至500~550℃时，6~8min内表面的有机物即可脱除干净。

（2）逆流式回转窑脱漆法。在该脱漆回转窑中，高温气体流向与废铝易拉罐碎片的运动方向相反，如图4-8（b）所示。为了保证废铝易拉罐片在500~

550℃时出窑，因此，高温气流入口处温度约为 550℃，气流出口处温度约为 220℃。

随着环保意识和环保要求的逐步提高，废铝易拉罐片脱漆技术和装备的研究已成为研究热点。张坤[37]开发了一种废铝表面脱漆装置，主要包括容器、不锈钢板、钢网、绝缘板、电器配件箱和发热体。该装置可通过加热水来软化废铝表面的漆层，并利用加热过程中产生的气泡剥离漆层。夏明许等[38]开发了一种废易拉罐脱漆熔炼一体化装置，其结构如图 4-9 所示。

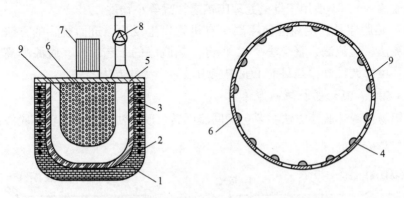

图 4-9　废铝易拉罐脱漆熔炼一体化装置示意图

1—炉体；2—加热件；3—坩埚；4—肋板；5—密封盖；6—震动仓；
7—震动发生装置；8—负压发生装置；9—通孔

废铝易拉罐片经破碎、除铁等预处理后，装入高温负压脱漆装置的震动仓中。热脱漆过程中，受热炭化的漆料在震动仓的震动下与易拉罐片分离，并在负压发生装置的作用下输送到外部烟气处理装置中。脱漆后，废铝易拉罐片被转移到坩埚中开始升温熔炼，由于此时的易拉罐片仍具有较高的温度，因此熔炼过程中仅需补充少量热量即可达到铝合金的熔点。该装置具有清洁、一体化等优点，然而，受限于震动仓的结构及尺寸，脱漆过程中片状物料易堆积，影响脱漆效果。

张深根等[4,5]发明的废旧金属油漆层热脱除的装备和方法，可以将废铝易拉罐表面有机物脱除。该装备和方法在 4.2.1 节中阐述，此处不再赘述。

### 4.3.3　铝合金成分调配技术

因废铝易拉罐片薄，熔炼过程中易烧损。因此，脱漆后的废铝易拉罐片通常需要在双室反射炉中进行熔炼。双室反射炉通常由内层（加热层）和外层（侧井）两部分构成，熔炼时，铝熔体在内层中被加热后泵入侧井中，并在侧井中形成铝熔体漩涡。随后，除漆、预热后的废铝易拉罐片被加入到侧井中，在漩涡的作用下，易拉罐片迅速进入铝熔体内部进行熔化。最后，侧井中铝熔体被泵入内室加热，如此循环往复最终实现废铝易拉罐片的熔融。

废铝易拉罐熔体中含有多种合金元素，如 Fe、Mn、Mg、Cu 等，各合金元素对铝熔体的影响如下[39-41]：

（1）Fe 的影响。Fe 在铝中的最大固溶度仅为 0.4‰，因此，Fe 在铝中主要以化合物和过饱和固溶体形式存在，如 Fe 会与 Mn 形成（Fe，Mn）$Al_6$ 化合物。随着 Fe 质量分数的增多，铝合金中会形成大量脆性化合物，进而减低铝合金塑性。当 Fe 质量分数高于 0.7% 时，会形成粗大的 Fe 初晶相，显著减低板材成形性能。此外，Fe 也是影响 3104 铝合金制耳行为的关键因素，适当的 Fe 质量分数有利于降低深冲 3104 铝板的各向异性。

（2）Mn 的影响。由 Al-Mn 二元合金相图局部放大图（见图 4-10）可以看出，合金结晶过程中固相和液相的成分差别较大，容易发生晶内偏析，退火时容易形成粗大晶粒。在共晶点温度（658℃），Mn 在固溶体中的溶解度为 1.82%。随温度降低，Mn 在固溶体中的溶解度显著下降，冷却速度较快时将形成过饱和固溶体。

适量的 Mn 可以提高合金的强度，并且能够稳定退火过程中形成的再结晶织构，从而降低冷轧铝板的深冲制耳率。制罐过程中，Al-Mn-Fe 系合金中的一次晶化合物可以成为变薄拉伸变形时的润滑剂，从而提高板材的成形性能[42]。然而，当 Mn 质量分数高于 2% 时，Al-Mn-Fe 系合金结晶过程中会形成粗大的一次晶化合物，导致罐体成形时形成针孔或撕裂。

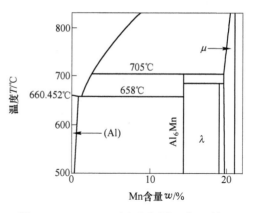

图 4-10　Al-Mn 二元合金相图（富 Al 端）

（3）Mg 的影响。Mg 在 Al 中的固溶度很大，就纯 Al-Mg 二元合金而言，共晶温度（449℃）下的固溶度为 17.4%，室温下固溶度仍可达 1.4%。3104 铝合金中，大部分 Mg 固溶于基体中，少量 Mg 析出形成 $Mg_2Si$ 和 $Al_8Mg_5$。在合金中，$Mg_2Si$ 细微粒子的析出可以提高强度，但是当均匀化处理的温度升到 400℃ 时，这些细微粒子会发生溶解。通常情况下，Mg 质量分数每增加 1%，3104 铝合金材料的抗拉强度约升高 34MPa。

（4）Cu 的影响。Cu 可显著提高铝合金的抗拉强度。铝合金烘烤过程中，Cu 和 Mg 可以从固溶体中析出 Al-Cu-Mg 基细质点，进而提高铝合金的强度。当 Cu 质量分数低于 0.05% 时，强化效果不明显；当 Cu 质量分数高于 0.5% 时，铝合金材料的耐蚀性急剧下降，以致不能用于罐体材料。因此，罐用铝合金中 Cu 的质量分数通常为 0.05%～0.5%。

在实际生产过程中，当铝合金熔体中的合金元素超标时，通常采用向熔体中添加纯铝锭的方式进行稀释；当铝合金熔体中的合金元素不足时，则需根据所缺合金元素的熔点、密度及其在铝中的溶解度等特点来选择补充的方式，常用合金元素的添加方式见表 4-4。

**表 4-4 常见合金元素的添加方式**

| 元素 | 添加方式 | 元素 | 添加方式 |
|------|---------|------|---------|
| Si | Al-Si 中间合金 | Ni | Al-Ni 中间合金 |
| Cu | 纯 Cu 或 Al-Cu 中间合金 | Fe | Al-Fe 中间合金 |
| Mg | 纯 Mg | V | Al-V、Al-Ti-V 中间合金 |
| Zn | 纯 Zn | Zr | Al-Zr 中间合金 |
| Mn | Al-Mn 中间合金 | Ti | Al-Ti、Al-Ti-V 中间合金 |
| Cr | Al-Cr 中间合金 | 稀土 | Al-RE（如 Al-Ce）中间合金 |

由表 4-4，Cu、Mg、Zn 等金属熔点低、在铝中溶解度大的元素，通常直接将相应的纯金属加入到铝合金中；Fe、Mn、Cr、Ti 等金属熔点高的元素，通常以中间合金或添加剂的形式加入熔体[43]。张深根、刘阳、孙井志等[45-48]开发了一种由废杂铝再生目标铝合金的方法，其工艺流程如图 4-11 所示。

由图 4-11，废杂铝熔融后，取少量经充分搅拌后的铝液，采用直读光谱仪进行成分检测。将熔液的成分检测数据与目标铝合金成分进行对比，确定添加或去除杂质元素种类和数量，接着进行补料或冲淡。

（1）补料。快速分析结果低于合金要求的化学成分时需要补料，先计算杂质，后计算合金元素；先计算量少者，后计算量多者；先计算低成分的中间合金，后计算高成分的中间合金；最后计算新金属。然后，根据合金成分调整规律，按照上述顺序进行补料。补加料量的计算公式如下：

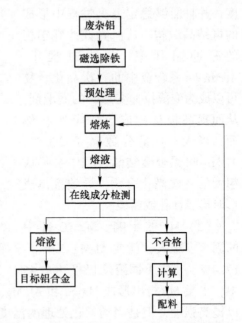

图 4-11 废杂铝再生目标铝合金工艺路线图

$$X = \left[ (a - b)Q + (c_1 + c_2 + \cdots)a \right]/(d - a) \qquad (4\text{-}2)$$

式中　$X$——补料量，kg；

　　　$a$——某元素的要求含量（质量分数），%；

　　　$b$——该元素的炉前分析值（质量分数），%；

　　　$Q$——熔体总量，kg；

$c_1, c_2, \cdots$——新补充炉料的加入量，kg；

　　　$d$——补料中间合金或新金属中该元素含量（质量分数），%。

（2）冲淡。冲淡量的计算公式如下所示：

$$X = (b - a)Q/a \qquad (4\text{-}3)$$

式中　$X$——冲淡量，kg；

　　　$b$——某元素的炉前分析值（质量分数），%；

　　　$a$——该元素的目标含量（质量分数），%；

　　　$Q$——熔体总量，kg。

按照配料表，将添加的中间合金和（或）金属加入铝液中熔炼，待熔融后，再次检测熔液成分。如满足目标铝合金成分要求，即可浇铸得到目标铝合金；反之，继续调整成分直至达到目标铝合金成分要求。

### 4.3.4　铝锭均匀化处理技术

均匀化热处理是通过元素扩散来消除铝合金内部的元素偏析[49]，并对第二相的存在形态及分布进行调控和优化的方法。为了优化组织性能，再生铝在均匀化热处理前可先进行锻造处理，以获得更为致密、偏析较少的铝锭。铝易拉罐用3×××系铝合金第二相为正交晶系（Fe，Mn）$Al_6$和立方晶系 α-$Al_{12}$（Fe，Mn）$_3$Si。（Fe，Mn）$Al_6$呈大块、鱼骨状属于硬质相；α-$Al_{12}$（Fe，Mn）$_3$Si 晶粒细小、边角圆润[50]。这两种第二相化合物通常沿合金晶界分布，约占铸态组织 3% 的体积[51,52]，决定合金轧制性能。

3×××系铝合金的凝固过程可大致分为四个阶段：

第一阶段，648~652℃，铝液→固态铝，形成枝晶网络；

第二阶段，643℃，铝液 → 固态铝 +（Fe，Mn）$Al_6$；

第三阶段，638℃，铝液 +（Fe，Mn）$Al_6$→α-$Al_{12}$（Fe，Mn）$_3$Si，铝液→固态铝 + α-$Al_{12}$（Fe，Mn）$_3$Si；

第四阶段，铝液 → 固态铝 + α-$Al_{12}$（Fe，Mn）$_3$Si + Si/$Mg_2$Si。

（Fe，Mn）$Al_6$是铝合金凝固过程中最先形成的化合物，当温度进一步降低时，α-$Al_{12}$（Fe，Mn）$_3$Si 相开始形成。有研究[53-56]表明，第二相的存在一方面会严重影响铝合金的再结晶行为，同时，在减薄拉伸过程中会起到润滑和清洁模具的作用。此外，由于 α-$Al_{12}$（Fe，Mn）$_3$Si 相比（Fe，Mn）$Al_6$相具有更高的强度，可以更好地防止深冲时擦伤的发生。因此，为了保证良好的深冲性能，需要 20% ~ 25%（体积分数）的 $\alpha\text{-Al}_{12}(Fe, Mn)_3Si$ 相[57]。如何获得两相比例、形貌和尺寸等适当的共晶相，是提高罐料板材性能的研究重点之一。

铝合金均匀化处理过程中，这些共晶第二相不仅会发生形貌的变化，其相组成也会发生变化，即铸态组织中的 $(Fe, Mn)Al_6$ 相向 $\alpha\text{-Al}_{12}(Fe, Mn)_3Si$ 相转化[58]，Alexander 等[56]称此转化为"6-α"转化，该过程如式（4-4）所示：

$$3(Fe, Mn)Al_6 + Si \Longrightarrow \alpha\text{-Al}_{12}(Fe, Mn)_3Si + 6Al \tag{4-4}$$

均匀化处理过程中的"6-α"转化具有重要意义，转化后 $\alpha\text{-Al}_{12}(Fe, Mn)_3Si$ 相粒子的强度和形貌特性都有利于后续加工过程的顺利进行。均匀化过程中，第二相的变化如图 4-12 所示。

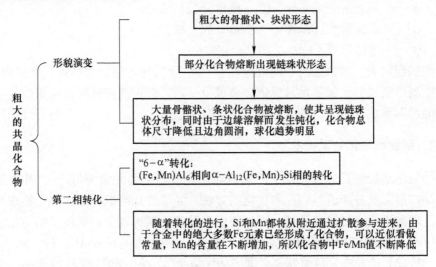

图 4-12　均匀化热处理过程中第二相变化

### 4.3.5　铝锭力学性能及表征

3004、3104 是铝—锰系添加镁合金，其塑性高，加工性能好，强度比 1××× 系合金高。以 3004 铝合金为例，典型 3004 铝合金的力学性能见表 4-5[1]。

表 4-5　3004 铝合金的力学性能

| 状态 | 抗拉强度 $\sigma_b$ /MPa | 屈服强度 $\sigma_{0.2}$ /MPa | 伸长率 $\delta$ /% | 硬度 HBS | 抗剪强度 $\tau$ /MPa | 疲劳强度 $\sigma_{-1}$ /MPa |
|---|---|---|---|---|---|---|
| O | 180 | 69 | 20 ~ 25 | 45 | 110 | 97 |
| H32 | 215 | 170 | 10 ~ 17 | 52 | 115 | 105 |
| H34 | 240 | 200 | 9 ~ 12 | 63 | 125 | 105 |
| H36 | 260 | 230 | 5 ~ 9 | 70 | 140 | 110 |
| H38 | 285 | 250 | 4 ~ 6 | 77 | 145 | 110 |

不同温度下 3004 合金的力学性能见表 4-6。

表 4-6 不同温度下 3004 合金的力学性能

| 温度/℃ | 状态 | $\sigma_b$/MPa | $\sigma_{0.2}$/MPa | $\delta$/% |
|---|---|---|---|---|
| -200 | 0 | 290 | 90 | 38 |
| -100 | | 200 | 80 | 31 |
| -30 | | 180 | 69 | 26 |
| 25 | | 180 | 69 | 25 |
| 100 | | 180 | 69 | 25 |
| 200 | | 96 | 65 | 55 |
| 300 | | 50 | 34 | 80 |
| 400 | | 30 | 9 | 90 |
| -200 | H34 | 360 | 235 | 26 |
| -100 | | 270 | 212 | 17 |
| -30 | | 245 | 200 | 13 |
| 25 | | 240 | 200 | 12 |
| 100 | | 240 | 200 | 12 |
| 200 | | 145 | 105 | 35 |
| 300 | | 50 | 34 | 80 |
| 400 | | 30 | 19 | 90 |
| -200 | H18 | 400 | 295 | 20 |
| -100 | | 310 | 267 | 10 |
| -30 | | 290 | 245 | 7 |
| 25 | | 280 | 245 | 6 |
| 100 | | 275 | 245 | 7 |
| 200 | | 130 | 105 | 30 |
| 300 | | 50 | 34 | 80 |
| 400 | | 30 | 19 | 90 |

镁含量对 Al-Mn 合金力学性能的影响见表 4-7。

均匀化处理后的铝合金铸锭经过热轧、冷轧、中间退火、精轧、完全退火等工序后可得到可用于铝制易拉罐生产的铝合金带材。《易拉罐罐体用铝合金带材》（YS/T 435—2000）规定的产品牌号、状态、规格等要求见表 4-8。

**表 4-7　镁含量对 Al-Mn 合金力学性能的影响**

| 元素含量（质量分数）/% | | | | 状态 | 抗拉强度 $\sigma_b$ | 屈服强度 $\sigma_{0.2}$ | 伸长率 $\delta$ | 硬度 |
| --- | --- | --- | --- | --- | --- | --- | --- | --- |
| Mg | Mn | Si | Fe | | MPa | | /% | HB |
| — | 1.51 | 0.12 | 0.24 | H18 | 224 | 203 | 3.6 | 51 |
| | | | | O | 110 | 56 | 34.3 | 28 |
| 0.29 | 1.50 | 0.11 | 0.19 | H18 | 270 | 250 | 3.1 | 63 |
| | | | | O | 132 | 70 | 27.6 | 35 |
| 0.47 | 1.50 | 0.12 | 0.23 | H18 | 289 | 268 | 4.1 | 73 |
| | | | | O | 146 | 74 | 24.5 | 39 |
| 0.8~1.3 | 1.0~1.5 | 0.3 | 0.7 | H18 | 288 | 252 | 5 | 77 |
| | | | | O | 181 | 70 | 20 | 45 |

**表 4-8　易拉罐罐体用铝合金带材的状态和规格**

| 合金牌号 | 状态 | 厚度/mm | 宽度/mm | 内径/mm |
| --- | --- | --- | --- | --- |
| 3004<br>3104 | H19 | 0.28~0.35 | 400~1660 | 200 |
| | | | | 300 |
| | | | | 350 |
| | | | | 405 |
| | | | | 505 |
| | | | | 605 |

带材的室温力学性能及工艺性能应满足表 4-9。

**表 4-9　易拉罐罐体用铝合金带材的力学性能要求**

| 合金牌号 | 状态 | 厚度/mm | 抗拉强度 $\sigma_b$/MPa | 规定非比例伸长应力 $\sigma_{p0.2}$/MPa | 伸长率（50 mm 定标距）$\delta$/% | 制耳率 /% |
| --- | --- | --- | --- | --- | --- | --- |
| | | | 不小于 | | | 不大于 |
| 3004 | H19 | 0.28~0.35 | 275 | 255 | 2 | 4 |
| 3104 | | | 290 | 270 | | |

抗拉强度、屈服强度、伸长率、制耳率是罐用铝合金最重要的力学性能指标，其测试、表征方法如下。

**4.3.5.1　抗拉强度、屈服强度、伸长率**

根据《金属材料拉伸试验第一部分：室温试验方法》（GB/T 228.1—2010），试验样品的说明见表 4-10。

**表 4-10  拉伸试验样品说明**（GB/T 228.1—2010）

| 符号 | 单位 | 说　明 |
|---|---|---|
| | | 试　样 |
| $a_0$ | mm | 矩形横截面试验原始厚度或原始管壁厚度 |
| $b_0$ | mm | 矩形横截面试验平行长度的原始宽度或管的纵向剖条宽度或扁丝原始宽度 |
| $d_0$ | mm | 圆形横截面试样平行长度的原始直径或圆丝原始直径或管的原始内径 |
| $D_0$ | mm | 管原始外直径 |
| $L_0$ | mm | 原始标距 |
| $L_0'$ | mm | 测定 $A_{wn}$ 的原始标距 |
| $L_c$ | mm | 平行长度 |
| $L_e$ | mm | 引伸计标距 |
| $L_t$ | mm | 试样总长度 |
| $d_u$ | mm | 圆形横截面试样断裂后缩颈处最小直径 |
| $L_u$ | mm | 断后标距 |
| $L_u'$ | mm | 测量 $A_{wn}$ 的断后标距 |
| $S_0$ | mm$^2$ | 原始横截面积 |
| $S_u$ | mm$^2$ | 断后最小横截面积 |
| $k$ | — | 比例系数 |
| $Z$ | % | 断面收缩率 |
| | | 伸长率 |
| $A$ | % | 断后伸长率 |
| $A_{wn}$ | % | 无缩颈塑性伸长率 |
| | | 延伸率 |
| $A_e$ | % | 屈服点延伸率 |
| $A_g$ | % | 最大力 $F_m$ 塑性延伸率 |
| $A_{gt}$ | % | 最大力 $F_m$ 总延伸率 |
| $A_t$ | % | 断裂总延伸率 |
| $\Delta L_m$ | mm | 最大力总延伸 |
| $\Delta L_f$ | mm | 断裂总延伸 |
| | | 速　率 |
| $\varepsilon$ | s$^{-1}$ | 应变速率 |
| $\overline{\varepsilon}$ | s$^{-1}$ | 平行长度估计的应变速率 |
| $\nu_c$ | mm · s$^{-1}$ | 横梁位移速率 |

| 符号 | 单位 | 说　明 |
|------|------|--------|
| 速　率 | | |
| $\sigma_v$ | MPa·s$^{-1}$ | 应力速率 |
| 力 | | |
| $F_m$ | N | 最大力 |
| 屈服强度、规定强度、抗拉强度 | | |
| $E$ | MPa | 弹性模量 |
| $m$ | MPa | 应力-延伸率曲线在给定试验时刻的斜率 |
| $m_E$ | MPa | 应力-延伸率曲线弹性部分的斜率 |
| $R_{eH}$ | MPa | 上屈服强度 |
| $R_{eL}$ | MPa | 下屈服强度 |
| $R_m$ | MPa | 抗拉强度 |
| $R_p$ | MPa | 规定塑性延伸强度 |
| $R_r$ | MPa | 规定残余延伸强度 |
| $R_t$ | MPa | 规定总延伸强度 |

拉伸试验一般在 10~35℃ 范围进行，试验温度应为（23±5）℃。由铸件切取样坯经机加工制成的试样，试样横截面可以为圆形、矩形、多边形、环形。原始标距与横截面积有 $L_0 = k$ 关系的试样称为比例试样，国际上使用的比例系数 $k$ 的值为 5.65，原始标距应不小于 15mm。当试样横截面积太小时，可以采用较高的值或采用非比例试样。厚度 0.1~3mm 薄板或薄带的制样要求为：

（1）试样的形状。试样的夹持头部一般比其平行长度部分宽，试样头部与平行长度之间应有过渡半径至少为 20mm 的过渡弧相连接。头部宽度应不小于 1.2$b_0$，$b_0$ 为原始宽度。

（2）试样的尺寸。比例试样尺寸、非比例试样尺寸及形状公差要求，分别见表 4-11~表 4-13。

### 表 4-11　比例试样尺寸要求

| $b_0$/mm | $r$/mm | $k = 5.65$ | | | $k = 11.3$ | | |
|----------|--------|-----------|-----------|----------|-----------|-----------|----------|
| | | $L_0$/mm | $L_c$/mm | 试样编号 | $L_0$/mm | $L_c$/mm | 试样编号 |
| 10 | | | | P1 | | | P01 |
| 12.5 | | 5.65 | ≥$L_0 + b_0/2$ 仲裁试验： $L_0 + 2b_0$ | P2 | 11.3 | ≥$L_0 + b_0/2$ 仲裁试验： $L_0 + 2b_0$ | P02 |
| 15 | ≥20 | ≥15 | | P3 | ≥15 | | P03 |
| 20 | | | | P4 | | | P04 |

**表 4-12 矩形横截面非比例试样要求**

| $b_0$/mm | $r$/mm | $L_0$/mm | $L_c$/mm | | 试样编号 |
| --- | --- | --- | --- | --- | --- |
| | | | 带头 | 不带头 | |
| 12.5 | | 50 | 75 | 87.5 | P5 |
| 20 | ≥20 | 80 | 120 | 140 | P6 |
| 25 | | 50 | 100 | 120 | P7 |

**表 4-13 试样宽度公差要求**

| 试样的名义宽度/mm | 尺寸公差①/mm | 形状公差②/mm |
| --- | --- | --- |
| 12.5 | ±0.05 | 0.06 |
| 20 | ±0.10 | 0.12 |
| 25 | ±0.10 | 0.12 |

①如果试样的宽度公差满足本表要求，原始横截面积可以用名义值，而不必通过实际测量再计算；
②试样整个平行长度 $L_c$ 范围，宽度测量值的最大值最小值之差。

（3）试样的制备。制备试样应不影响其力学性能，应通过机加工方法去除由于剪切或冲切而产生的加工硬化部分材料。这些试样优先从板材或带材上制备，如果可能，应保留原轧制面。对于薄的材料，应将其切割成等宽度薄片并叠成一叠，薄片之间用油纸隔开，每叠两侧夹以较厚薄片，然后将整叠加工至试样尺寸。

（4）原始横截面积的测定。原始横截面积的测定应准确到±2%，当误差的主要部分是由于试样厚度的测量所引起的，宽度的测量误差不应超过±0.2%。为了减少试样结果的测量不确定度，原始横截面积应准确至或优于±1%。

#### 4.3.5.2 制耳率

轧制板材一般具有平面内各向异性，深冲变形使沿圆片的圆周径向变形与切向变形的比例不同，导致径向发生不均匀延伸，冲杯缘的高度不同，这种现象称之为制耳现象。杯缘较高的部分称为制耳，杯缘较低的地方称为谷底。板材中的织构决定了制耳的类型，Al-Mn-Mg 合金中主要存在如下织构[59]：

（1）黄铜（Bs）织构 {001} <211>；

（2）铜织构 {112} <111>；

（3）S 或 R 织构 {123} <634>或 {124} <211>；

（4）立方织构 {001} <100>；

（5）高斯织构 {011} <100>。

深冲变形过程中，（4）和（5）两种织构的作用产生 0°/90°制耳，尤其是（4）立方织构产生 0°/90°制耳趋势比较强烈，前三种（1）、（2）、（3）织构的共同作用产生 45°制耳，如果前三种织构（1）、（2）、（3）和后两种织构（4）、（5）的作用达到平衡就会出现 8 个小的制耳，从而达到了降低制耳率的目的。

制耳率是制约铝板深冲性能的重要因素，过高的制耳率会增加罐口剪边量、浪费材料、影响罐体质量等[60]。为了描述制耳的程度，通常采用冲杯的制耳与谷底的高度差，即制耳率来表示。根据国标《有色金属冲杯试验方法》（GB/T 5125—2008），冲杯试验是使用圆柱形冲头将夹紧的金属薄板或带状试样压入规定冲模中形成圆柱杯，圆片试样的标准直径可选 52-0.05-0.20mm、55-0.05-0.20mm、60-0.05-0.20mm，冲杯试验使用的模具如图 4-13 所示。

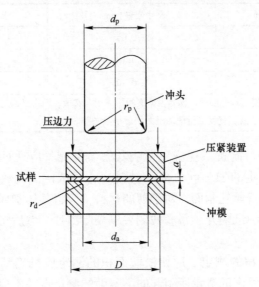

图 4-13　冲杯试验模具示意图

$a$—圆片厚度；$D$—圆片直径；$d_p$—冲头直径；$d_a$—冲模内径；$r_p$—冲头圆角半径；
$r_d$—冲模圆角半径

冲杯完成后，样品制耳率的计算公式如下所示：

$$e = 2\Delta h/(h_t + h_v)$$

式中　$h_t$——平均制耳峰高；

　　　$h_v$——平均制耳谷高；

　　　$\Delta h$——平均制耳高度，$\Delta h = h_p - h_v$。

### 4.3.6　废铝易拉罐保级还原产业化

为实现"Can to Can"产业化，肇庆市大正铝业有限公司进行了产业试验。"Can to Can"第一步是生产出低氢低渣高质量铝合金锭。熔铸生产工艺的控制至关重要，其产品品质直接影响板带的质量。铝合金熔铸生产工艺流程如图 4-14 所示。

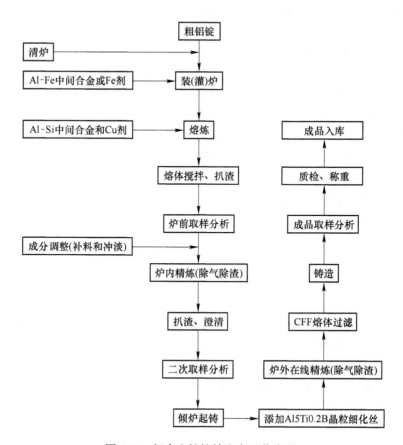

图 4-14 铝合金锭熔铸生产工艺流程

### 4.3.6.1 熔铸工艺

熔炼工艺流程：准备工作→装炉→熔化→扒渣→加入合金元素→搅拌→炉前取样/分析→转炉。

准备工作包括原料准备、配料和炉子准备。铝及铝合金中所含元素是比较复杂的，常常把它们分为有效元素和受控元素。Cu、Mg、Zn、Si 等作为有效元素存在于大多数铝合金中。这些元素在结晶过程中，在共晶温度条件下生成 $CuAl_2$、$Mg_2Si$、$MgAl_3$、$Al_2CuMg$、$Zn_2Mg$ 等化合物，与形成共晶组织。这些共晶组织中的化合物，是铝合金的主要强化相，随着温度的增高，在基体中的固溶度增大；随着温度降低，在基体中的固溶度减少。因此，在铝合金制品中起着固溶强化作用。Fe、Ni 与对大多数铝合金来说，是杂质元素。如果它们在铝合金中的含量较高，则在铸锭中极易形成 $FeAl_3$、$CuAlFe$、$FeMn$、（$FeMnSi$）$Al_6$ 等坚硬而难溶的化合物及一次晶偏析物。这些化合物一次晶偏析物，不但影响合金的压力加工性能，而且降低制品的力学性能。Ti 在大多数铝及铝合金中，是作为变质剂加入的。加入量适当能细化晶粒，防止出现粗晶，而且有抑制羽毛状晶的作用。Ti 含量在合金中如果过高，铸锭中就有可能产生大量的 TiAl₃ 化合物一次晶偏析，给制品带来不良影响。因此，合金中元素含量的多少，对形成化合物一次晶起着决定性的作用，在压力加工过程中，化合物一次晶在应力作用下，被破坏成若干小晶体块。由于其坚硬而脆，破坏了制品组织的均匀性，对合金的加工性带来不良影响。所以严格控制易产生一次晶偏析物的合金元素及杂质元素，将合金中的有效元素控制在内标的中限，保证产品内在品质。

为生产高性能 3104 铝合金，不断研究熔体成分在线调控技术，优化合金中 Fe、Si、Mn、Mg、Ti 等元素配比，以达到提高罐体的抗压强度，同时防止制罐中断罐、花罐等缺陷的产生。

经过多次工艺试验最后确定了如下熔炼工艺参数及要求：

炉膛温度：≤1500℃。

熔体温度：730～760℃。

熔炼时间：一般不超过 5h，对于 $w(Mg) \geqslant 30\%$ 的高镁合金停留时间超过 5h 需重新取样，调整成分。

搅拌：所有合金熔体在取样前，至少应利用熔炼炉底部安装的电磁搅拌器进行正、反、正三个旋转周期的搅拌。镁锭加入量 150kg 以上时，待其全部熔化后必须进行两次以上的搅拌，两次搅拌时间间隔不少于 5min。电磁搅拌可使熔体沿正反两个水平方向旋转，不破坏熔体表面的氧化铝膜，既减少气体吸收几率，又不使氧化铝等多种渣搅拌进入熔体内，保证了熔体的洁净度。

扒渣：熔体温度升至 740～760℃ 时，对其进行扒渣，控制扒渣平稳，扒渣干净。

加入合金温度：740～750℃，镁锭熔化后，要及时用 2 号熔剂粉进行熔体表面覆盖。

化学成分调整：炉前分析结果若出现表 4-14 情况时，需要重新取样分析。

**表 4-14　需要重新取样分析情况**

| 合金含量 $w/\%$ | 两区的分析结果/% |
| --- | --- |
| >1 | >0.15 |
| <1 | >0.10 |
| ≥3 | >0.20 |
| ≤3 | >15 |

补料量大于 800kg 时，需要搅拌再次取样分析。

### 4.3.6.2　精炼工序

A　除气除杂

采用安装于保温炉底部的多孔塞通入 N₂-Cl₂ 混合气体对熔体进行精炼。精炼气体进入铝熔体后，形成许多细小的气泡。气泡从炉底向上通过熔体时，与熔体中的氧化夹杂相遇，夹杂被吸附在气泡的表面上，并随着气泡上浮到熔体表面，达到除渣的目的。同时由于铝熔体中氢与上浮过程中的气泡存在压力差，铝熔体中的氢不断地进入气泡内，直至气泡中氢分压和铝液中氢分压相等时这种进入过程才停止。气泡浮出液面后破裂，气泡中的 $H_2$ 随炉气一起排入大气中，达到除氢的目的。因此，气泡上升的过程既达到除去氧化夹杂的目的，也达到除去氢气的目的。$Cl_2$ 本身不溶于铝，但氯和铝及溶于铝液中的氢都能迅速发生化学反应：

$$Cl_2 + H_2 =\!=\!= 2HCl$$
$$3Cl_2 + 2Al =\!=\!= 2AlCl_3$$

反应生成的 HCl 和 $AlCl_3$ 在铝合金熔体中都是气态，且不溶于铝液，它和未参加反应的 $Cl_2$ 在铝熔体中形成气泡一起都能对铝熔体进行精炼（精炼原理与 $N_2$ 精炼相同）。由于 $Cl_2$ 属于活性气体，精炼效果比 $N_2$ 要好，同时 $Cl_2$ 也会与铝液里的碱性金属，如钠、锂、钙、钾等反应达到除碱金属的目的。精炼的目的是提高铝熔体净化质量，降低铝中的夹杂物和氢含量，氢含量控制在 0.12mL/100gAl 以下，强化冷却，使铸锭晶粒度达到 1 级。

$$2Na + Cl_2(g) =\!=\!= 2NaCl(s)$$
$$2Li + Cl_2(g) =\!=\!= 2LiCl(s)$$
$$Ca + Cl_2(g) =\!=\!= CaCl_2(s)$$
$$2K + Cl_2(g) =\!=\!= 2KCl(s)$$

混合气体组成（体积分数）：97%~99%$N_2$+2%~3%$Cl_2$；

混合气体输入炉前压力：0.4~0.55MPa；

$N_2$ 输入炉前压力：0.5~0.55MPa；

$N_2$ 和 $Cl_2$ 的纯度要求：$N_2$：99.9995%；$Cl_2$：$H_2O \leqslant 200 \times 10^{-6}$；

精炼温度：铸造温度±5/10℃；

精炼时间：一般为 40~60min，当多孔塞有堵塞现象时，根据需要适当地延长精炼时间；

熔体静置时间：一般 20~30min。

B 变质处理

在线处理程序：保温炉静置→晶粒细化丝加入→在线精炼装置（SNIF）精炼→陶瓷泡沫过滤器（CFF）过滤→铸造。

工艺参数：晶粒细化剂使用 Al-5Ti-1B 丝，加入量（质量分数）为 1%~1.20%、温度为 730℃在线精炼；

Ar 纯度：99.9995%；

Ar 流量：3.2~7.1Nm³/h；

Ar 压力：0.14MPa；

$Cl_2$ 纯度：99.8%以上；

$Cl_2$ 流量：0.008 ~ 0.015$Nm^3$/h；

$Cl_2$ 压力：0.14MPa；

两个转子转速：一般为 500 ~ 600r/min；

陶瓷泡沫过滤器（CFF）参数：陶瓷过滤板的孔数为 50。

$N_2$-$Cl_2$ 混合气体通过保温炉多孔透气塞系统对熔体精炼除碱金属效果很明显，一般可使熔体内碱金属含量降低到 $4×10^{-6}$ 以内，通过 SNIF 在线处理后碱金属可降至 $3×10^{-6}$ 以内。这是一般处理工艺难以达到的高水平。

### 4.3.6.3　废铝易拉罐 3104 铝合金铸锭组织形貌调控

#### A　3104 铝合金变质细化断口分析

使用 Al-5Ti-1B 细化剂是铝加工业技术进步的标志之一，也是目前应用最广泛的细化剂。试验分三组，每组浇注三个试样。细化剂加入量（质量分数）为 0.6%、1.1% 和 1.6%。试验结果表明，采用 Al-5Ti-1B 丝晶粒细化剂对废铝易拉罐熔体进行细化处理时，Al-5Ti-1B 丝晶粒细化剂加入量（质量分数）为 1.1%时，其材料试样抗拉强度和伸长率最大。综合考虑，最优细化剂加入量（质量分数）为 1.1%。废铝易拉罐材料变质细化工艺研究具体试验方案如下：

方案一：以 La-Ce 共混稀土变质剂加入量为变量，Al-5Ti-1B 丝晶粒细化剂加入量（质量分数）为 1.1%的变质细化实验方案。

方案二：以混合稀土变质剂加入量为变量，Al-5Ti-1B 丝晶粒细化剂加入量（质量分数）为 1.1%的变质细化实验方案。

将拉伸试验后试棒一端的断口锯下，制成扫描断口试样，试样高度不高于 15mm，断口形貌用 KYKY-2800 型扫描电子显微镜进行观察，分析裂纹源的位置及失效原因。变质细化处理后拉伸试样的断口形貌照片如图 4-15 和图 4-16 所示。

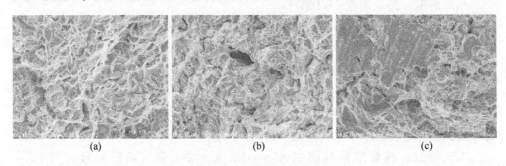

(a)　　　　　　　　　　(b)　　　　　　　　　　(c)

图 4-15　La-Ce 共混稀土变质处理

(a) 0.6%；(b) 1.6%；(c) 3.0%

从拉伸试样断口形貌上可以看出，断口主要为韧窝，说明废铝易拉罐材料本身具有很好的延展性，属于韧性断裂。试验结果表明，当稀土加入量适当，可以

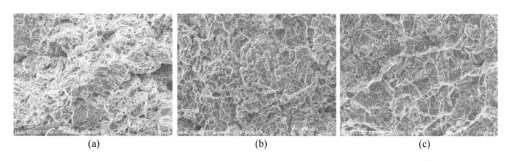

图 4-16 混合稀土变质处理

(a) 0.6%；(b) 1.6%；(c) 3.0%

细化韧窝，材料的机械性能提高，另外由于稀土元素与合金中的合金化元素及杂质元素的相互作用，改变了合金中相的组成。稀土质量分数为 1.6%时析出相细小呈条状，时效后呈弥散分布的稀土相起到了弥散强化作用，提高了合金的抗拉强度，稀土含量增多，稀土相变的粗大，时效后以大块难熔化和物的形式出现，在晶界处易造成应力集中，它又使合金的强度和塑性降低。

从图 4-17 的断口形貌可以明显看出：未变质细化处理时，废铝易拉罐拉伸断口的韧窝较大、存在片状破裂的杂质相，对基体材料有割裂倾向；而变质细化处理后废铝易拉罐材料断口的韧窝则比较细小、均匀，杂质相细小。充分说明变质细化处理有利于提高材料的塑性变形能力。

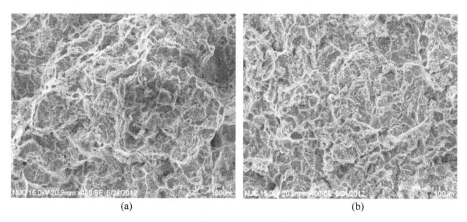

图 4-17 变质处理前后废铝易拉罐铸态拉伸断口形貌

(a) 未变质细化处理；(b) 变质细化处理

B　3104 铝合金变质细化金相分析

a　试样制备

取拉伸试样一侧用平锉锉平，将截取好的试样依次用 800 号、1500 号、2000号进行磨制，然后在 MP-2 抛磨机上反复进行抛光，用丝绒作为抛光织物，磨料使用金刚石研磨膏，至试样表面无明显划痕、显微镜下在多个视野内无划痕为止。试样磨好后，用 0.5% 氢氟酸溶液腐蚀。

b 变质细化处理前后的金相组织分析

用 Olympus 显微镜观察变质细化处理前后的废铝易拉罐 3104 铝合金的金相组织。然后选择合适的放大倍数，并拍摄金相组织照片，变质细化前后 200 倍的金相照片如图 4-18 所示。

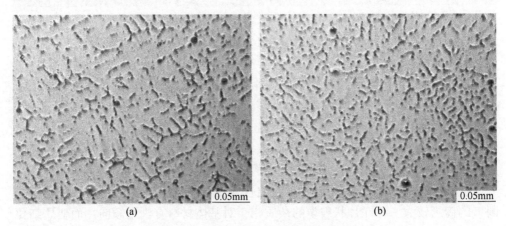

图 4-18 变质前和变质后显微组织特征
(a) 未变质细化处理；(b) 变质细化处理后

由图 4-18 可见：废铝易拉罐 3104 铝合金未变质处理之前，合金晶体组织较粗大，晶界处的析出相为粗大骨骼状；变质处理之后，晶界处的析出相的形态明显得到改善，基本组织细化，析出相呈现为短小鱼骨状或小球状。

研究结果表明：采用质量分数为 1.1% 的 Al-5Ti-1B 对废铝易拉罐熔体进行晶粒细化处理的同时，以混合稀土变质剂（质量分数为 3.0%）对废铝易拉罐材料熔体进行变质细化处理得到的组织性能良好。

4.3.6.4 3104 铝合金均匀化热处理和轧制工艺

为验证由废铝易拉罐制备的 3104 合金的加工性能，开展了合金的均匀化热处理和轧制工艺的研究。轧制包括热轧和冷轧。热轧是其中重要的工艺，因为热轧后的织构和组织决定了后续工艺的织构和组织状态，进而影响铝罐的最终性能。因此，不断地优化均化温度及加热降温速率，开发消除大锭坯成分偏析及铸造应力的均化处理技术，使易拉罐铝带力学性能均匀。同时研究热轧温度及道次压下量对大锭坯在热连轧过程中动态再结晶与材料微结构的影响，消除材料质量不稳定因素，为冷轧提供适当的热轧织构组分、良好的热轧板形和凸度的冷轧坯料。

热处理及轧制工艺流程如图 4-19 所示。

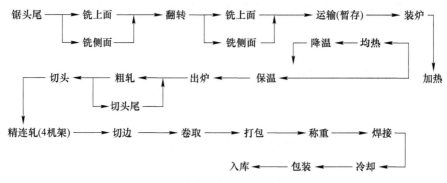

图 4-19   3104 合金的热处理和轧制工艺流程

A   锯铣工艺

在开始铸造时，冷却环境与制造参数不同，在未形成稳定铸造前的过渡区域，存在较多的铸造缺陷，铸造组织也不相同，力学性能也不一致；在结束铸造时，金属流速减慢尾部容易产生缩微等缺陷，对产品质量和轧制安全有一定影响。因此，热轧前需对铸锭头尾进行处理。

半连续铸造的铸锭表面存在铸造缺陷（裂纹等）或者几何尺寸误差，铸锭内部成分组织因受激冷和熔析区域的影响存在较大的不均匀性。为防止热轧过程中边部缺陷对表面污染和合金板裂边，罐料板带的高性能高精度就要求铸锭进行铣面。平面平行度差不大于 0.5mm；宽度公差为 0~+3mm；凹度不大于 0.3mm；表面粗糙度 $Ra \leqslant 3.2 \mu m$；侧面 $Ra \leqslant 12.5 \mu m$。

B   预热和均热处理工艺

铸锭均匀化对制罐成品板的化合物形态影响是显著的。由于铸造组织是带心的树枝状组织，其溶质含量从中心向边部逐渐增大，而第二相质点呈共晶分布于枝晶间。由于第二相质点晶间和枝晶网络的塑性降低，所以铸造组织的可加工性较差。通过均匀化处理，可提高铸造组织的可加工性。均匀化是一个溶入和析出同时存在的过程，加热时溶质溶入固溶体中，并且由于温度高，合金元素有足够的扩散能力进行充分的扩散，部分枝晶网络熔断，合金元素在固溶体内均匀分布，再通过缓慢冷却使固溶体的合金元素或化合物沿原枝晶界或在晶内重新析出，尽可能降低固溶度，提高塑性，同时减少 Fe、Si 元素的有害作用。因此，均热的目的是消除铸造过程中成分偏析并获得更均匀的冶金内部组织。但如果预热或均热温度使用不当，会影响热轧和冶金的性能，而且可能引起过早硬化，而需要更大的轧制力并导致铝板带表面质量降低。加热及保温时间的确定应充分考虑合金的导热特性、铸锭规格、加热设备的传热方式以及装料方式等因素，在确保铸锭达到加热温度且温度均匀的前提下，应尽量缩短加热时间，以利于减少铸锭表面氧化，降低能耗，防止铸锭过热、过烧，提高生产效率。采用两段热处理工艺，优化的参数为：第一段热处理温度为 600~620℃、保温 10h；第二段热处理温度 500~520℃、保温 2h。

C  热轧工艺

热加工对化合物的破碎比较明显。因此，通过热轧工艺的调整能够更有效地控制化合物的尺寸。热轧工艺参数（见表 4-15）主要是热轧温度、热轧速度及轧制量。

表 4-15  热轧机基本参数

| 名　称 | 粗轧机 | | 精轧机 | |
|---|---|---|---|---|
| | 工作辊 | 支撑辊 | 工作辊 | 支撑辊 |
| 辊径/mm | φ1070~1000 | φ1600~1500 | 750 | 1600 |
| 辊面宽度/mm | 2350 | 2350 | 2350 | 2350 |
| 辊型/μm | −200±5 | 平辊 | −100±5 | 平辊 |
| 辊面粗糙度/μm | 1.2±0.05 | 1.2±0.05 | 1.2±0.05 | 1.0±0.05 |
| 轧辊配对公差/mm | <0.05 | <0.5 | <0.05 | <0.5 |
| 圆度/mm | ≤0.005 | ≤0.0075 | ≤0.005 | ≤0.0075 |
| 圆柱度/mm | ≤0.005 | ≤0.01 | ≤0.005 | ≤0.01 |
| 偏心率/mm | 0.005 | 0.01 | 0.005 | 0.01 |
| 轧制力 | max：50000MN | | max：34300kN | |

热轧坯料厚度的确定：

（1）根据合金品种、带材宽度、热精轧终轧成品厚度的不同，坯料厚度也不一致。合金强度越高、带材宽度越宽、成品厚度越薄，坯料厚度设计越薄。适宜于轧制过程温度的管理，若坯料厚度设计太薄，热粗轧轧制时间过长，带材降温损失大，不利于后续正常轧制。

（2）充分考虑设备的能力。

（3）以最大限度地提高生产效率为目标，考虑热精轧与热粗轧在时间上的平衡。

（4）适应热精轧与热粗轧板形及表面质量的控制。

立辊轧边工艺：其目的是控制带材宽度精度，减少带材的裂边。轧边道次多，轧边量大，带材边裂少。但是铸锭边部黑皮在轧边时容易压入带材表面，随着轧边道次的增多、轧边量的增大，黑皮压入宽度增加，需严格控制轧边道次和轧边量。

切头尾工序：目的是消除坯料头尾在轧制过程中形成的张嘴分层缺陷，避免该缺陷在后续轧制过程中进一步延伸；消除因铸造缺陷所引起的头尾撕裂、大裂口等缺陷，保证轧机的正常进行。剪切量的总原则是既要切除头尾不良部分，又要最大限度地减少几何损失。

例如：3104 铝合金热轧规程

常用铸锭规格：热粗轧终轧目标厚度为 28mm；热粗轧开轧温度为（495±10）℃；热粗轧终轧温度为（445±15）℃；热精轧终轧目标厚度为 2.2mm；热精轧终轧目标温度为（340±10）℃。

乳液工艺（见表 4-16）：热轧乳液冷却的目的在于减少轧制时铝及铝合金板材与轧辊间的摩擦；避免轧辊和铝合金板带的直接接触，防止轧辊与铝材黏结；同时通过控制乳液的温度、流量、喷射压力有效控制轧辊温度和辊型。因此，乳液的使用对板带质量有很重要的作用。

表 4-16　热轧乳液使用参数

| 序　号 | 项　目 | 粗轧机 | 精轧机 |
|---|---|---|---|
| 1 | 疏水黏度/$mm^2 \cdot s^{-1}$ | 35~45 | 50~65 |
| 2 | 浓度/% | 3.5~4.5 | 5.5~6.5 |
| 3 | ESI | 0.75~0.95 | 0.7~0.9 |
| 4 | pH | 7.5~8.5 | 7.3~8.0 |
| 5 | 电导率/$\mu S \cdot cm^{-1}$ | <1000 | <1000 |
| 6 | 细菌 | $<10^5$ | $<10^5$ |
| 7 | 灰分 | $<900 \times 10^{-6}$ | $<900 \times 10^{-6}$ |
| 8 | 温度 | 60~65℃ | |
| 9 | TE/% | 5.5~12.0 | 7.0~18.0 |
| | UA/% | 2.5~7.0 | 8.0~16.5 |
| | OS/% | 2.0~6.5 | 8.0~16.0 |
| | El：5.0%~7.5% | | PEG：1.0%~4.5% |

D　冷轧工艺

冷轧生产是生产高性能高精度铝合金罐用板带最关键性的一步，决定板带最终质量和性能。冷轧的优点是：板带材尺寸精度高，表面质量好；板带材的组织和性能均匀；配合热处理可获得不同状态的产品；能轧制热轧不可能轧出的薄板带。在轧制过程中，料卷头尾因增减速、张力变化、变形区打滑等原因常常造成不合格品的出现。为提高成品率和合格率，开发大卷重宽幅高精度板材的高速冷轧技术，获取近于各向同性的高精度板材，达到降低制耳率和提高板材深冲性能的目的，以部分满足市场对高性能罐用铝薄板的需求。

罐体料冷轧生产工艺流程：冷轧轧制→切边机组→检查→包装→入库。罐盖料冷轧生产工艺流程：冷轧轧制→拉矫→涂层→纵切→检查→包装→入库。

冷轧轧制工艺参数包括轧制量和张力的设置。中间道次冷轧总轧制量在合金塑性和设备能力允许的条件下尽可能取大一些，成品冷轧总轧制量主要由产品的组织性能和表面质量要求所决定。随着冷加工率增加，抗拉强度、屈服强度提高，延伸率降低。这是由于冷变形程度越大，晶粒破碎程度也越大，金属内部点缺陷和位错的密度也越大，晶格畸变程度更加严重，形成了纤维组织及带状组织，材料加工硬化程度高。因此，要得到高性能高精度的板带，必须要有严格的轧制量，见表 4-17～表 4-19。

表 4-17　六辊冷轧机主要技术参数

| 参 数 名 称 | 1 号冷轧机 | 2 号冷轧机 |
|---|---|---|
| 卷材厚度范围/mm | 10～0.2 | 3.5～0.1 |
| 来料宽度范围/mm | 950～2100 | 950～2100 |
| 来料卷材外径范围/mm | 1000～2800 | 1000～2800 |
| 来料最大卷重/t | 30 | 30 |
| 最大轧制速度/m·min$^{-1}$ | 1500 | 1800 |
| 最大轧制力/kN | 20000 | 17000 |
| 主传动电机功率/kW | 5500 | 5000 |
| 工作辊/mm | （490～450）×2250 | （380～340）×2250 |
| 中间辊/mm | （560～510）×2550 | （560～510）×2550 |
| 支撑辊/mm | （1400～1300）×2100 | （1400～1300）×2100 |
| 1/2 挡最大开卷张力/kN | 160/80 | 120/60 |
| 1/2 挡最小开卷张力/kN | 10.7/5.3 | 8/4 |

表 4-18　冷轧轧辊使用工艺

| 轧辊 | 粗糙度 Ra /μm | 两边辊径差（圆柱度）/mm | 上下配对辊径差/mm | 辊型（凸度） | 偏心度/mm |
|---|---|---|---|---|---|
| 支撑辊 | 1.5±0.10 | <0.010 | <0.50 | 平辊 | 0.003 |
| 中间辊 | 1.2±0.10 | | | CVC-1 | 0.003 |
| 工作辊 | 0.60±0.08 | <0.005 | <0.10 | 平辊 | 0.003 |
| | 0.45±0.05 | <0.005 | <0.10 | 平辊 | 0.003 |
| | 0.20±0.02 | <0.005 | <0.10 | 平辊 | 0.003 |

3104 冷轧道次分配：2.2-1.16-0.58-0.27/0.275、1.3-1.2-0.6-0.28/0.29。张力大小的确定要视不同的金属和轧制条件而定，但最大张力值应小于金属的屈

服强度，否则会造成带材在变形区外产生塑性变形，甚至断带；最小张力值必须保证带材卷紧卷齐。

**表 4-19 冷轧轧制工艺参数举例**

3104 轧制工艺（道次表 32621C00）

| 道次 | 厚度/mm | | 张应力 /N·mm⁻² | | 轧制力 /kN | 轧制速度 /m·min⁻¹ | 工作辊弯辊 /% | CVC /mm | HS /mm | 轧制油量 /L·min⁻¹ | 备注 |
|------|------|------|------|------|------|------|------|------|------|------|------|
| | 入口 | 出口 | 入口 | 出口 | | | | | | | |
| 1 | 2.20 | 1.16 | 15 | 40 | 5628.6 | 608.67 | 12.07 | −84.49 | 17.5 | 3539.3 | 轧制油温控制在 37~45℃ |
| 2 | 1.16 | 0.58 | 38 | 42 | 5374.0 | 799.85 | −20.84 | −65.20 | 19.2 | 3850.1 | |
| 3 | 0.58 | 0.29 | 40 | 42 | 4975.9 | 806.46 | −55.51 | −66.84 | 16.0 | 3889.9 | |

冷轧板厚控制：轧机控制系统的先进水平、控制精度的高低，直接决定了产品的最终厚度精度。冷轧厚度控制一般采用轧机带材厚度自动控制系统，即 AGCS（Automatic Gauge Control System）系统进行控制。AGCS 系统是通过 X 射线测厚仪、测压头等传感器，对带材的实际轧出厚度进行连续而精确地检测，并根据实测值与给定值的偏差，借助于控制回路及计算机，通过采取快速改变压下位置调整辊缝、张力和速度等措施，把厚度控制在要求范围以内。

板形自动控制关键在于板形测量与板形调整。

板形测量：在轧机出口安装了板形测量辊，可检测出运行带材横向的应力变化情况。并将所测得的应力曲线与参考曲线相比，所残留的偏差（板形偏差）就代表了轧制期间所测量的板形偏差。

板形调整：板形调整由数个控制回路组成，可通过相应的变量对各种板形误差进行修整。调整手段主要包括工作辊弯辊、中间辊弯辊、倾辊、轧制油分段冷却。

冷轧轧制油：轧制加工过程中，轧制油主要起到冷却、润滑、清洗的作用。轧制加工过程产生的变形热以及与轧辊之间的摩擦热，使轧辊与卷材温升极快。控制轧制油喷淋可以对轧辊与卷材进行冷却，达到控制板形与安全生产的目的。有效的工艺润滑不仅是改善产品表面质量的需要，而且是实现稳定、高效和高速轧制生产的需要。轧制过程产生的铝粉、周围空间的灰尘，在轧制中容易破坏油膜，轧制油可以将这些杂质冲洗掉。因此，研究对轧制油的工艺管理对高精度高性能板带材的生产十分重要。

冷轧轧制油是在轧制基础油（见表 4-20）的基础上，加入添加剂（醇类）调制，其对于轧制铝板带的配制比例为：添加剂为 5%~8%；基础油为余量。常用的添加剂有油性添加剂、极压添加剂、防腐剂、抗氧化添加剂、增黏剂、降凝剂、抗泡剂等。

表 4-20　基础油 MOA-100 的主要理化指标

| 项目 | 黏度(40℃)<br>/mm² · s⁻¹ | 闪点<br>/℃ | 硫分 | 密度(20℃)<br>/t · m⁻³ | 馏程<br>/℃ | 芳烃<br>/% |
|---|---|---|---|---|---|---|
| 技术指标 | 2.1~2.3 | ≥100 | <2×10⁻⁶ | 0.82 | 230~265 | <0.2 |

轧制油的控制中，其中重要的一项是清洗作用。轧制过程产生的铝粉、周围空间的灰尘，经轧制油冲洗流入油箱，形成污染。这些污油如果再次用于轧制，容易破坏油膜，不能建立正常轧制条件；其中的微小颗粒会造成针孔、甚至辊印，影响产品质量。

轧制油过滤一般采用板式过滤器，并以硅藻土、活性白土作为助滤剂，它们之间的比例决定了过滤器运行周期的长短和轧制油的过滤精度。一般硅藻土与活性白土的比例为 4∶1。硅藻土具有多孔、质硬等特点，起到骨架的作用，它既能过滤较大的颗粒，又能保持滤饼良好的通透性。活性白土比表面积非常大，同时又具有极性，能吸附微小颗粒、微量水分和氧化物。

切边与纵切：带材通过机列一个道次，在转动剪切的作用下单剪边为切边，剪成若干条则为纵切，其目的都是将卷材切成宽度精确、毛边少的板带或条。剪切的质量包括宽度精度、毛刺、裙边、刀印等质量要求。达涅利—佛罗琳公司（Danieli Frohling）先进的切边纵切生产线是一个系统的复杂的整体，体现了当前先进技术的完美结合。该公司在带材的宽度偏差、带材的边部品质、带卷的端面平齐方面的设计与制造居世界前列，整条生产线全自动化运行。

切边机上装有静电涂油装置，静电涂油是利用高压静电电场使带负电的涂料微粒沿着电场相反的方向定向运动，并将涂料微粒吸附在工件表面的一种喷涂方法。静电喷涂是以被涂物为阳极，一般情况下接地；涂料雾化结构为阴极，接电源负高压，这样在两极就形成了高压静电场。由于在阴极产生电晕放电，可使喷出的涂料介质带电，并进一步雾化。已带电的涂料介质受电场力的作用，沿电力线定向地流向带正电的被涂物表面，沉积成一层均匀、附着牢固的薄膜。预涂油型号为 Henkel DTI 8100A；涂油量为 250±50mg/m²/边。

拉弯矫：拉弯矫直机组采用高压、低压水洗烘干及矫直工艺，配制先进的静电涂油机及板形在线检测系统，使产品的表面质量及平直度要求达到国际先进水平。拉弯矫直机是使带材在拉伸、弯曲矫直形成的多重作用下产生一定的塑性延伸，消除残余应力，达到矫直的目的。

切边机宽度范围：950~2100mm，厚度范围：0.15~2mm，纵切机宽度范围：950~2100mm，厚度范围：1~1.5mm。拉弯矫直机宽度范围：950~2100mm，厚度范围：1~8mm。

### 4.3.6.5 3104合金带材退火热处理和冲杯试验

3104合金带材轧制态存在严重的加工硬化和残余应力，经过退火处理可消除加工硬化和残余应力。退火温度为$0.7 \sim 0.8 T_m$（$T_m$为合金熔点的绝对温度），所以控制再结晶退火温度范围在300~550℃。研究退火前后进行冲杯试验，计算其制耳率。表4-21为带材退火工艺参数表。

表4-21 退火试验工艺参数

| 编号 | 退火温度/℃ | 升温速率/℃·h⁻¹ | 保温时间/h | 冷却方式 |
|---|---|---|---|---|
| 0 | 轧制态 | | | |
| 1 | 300 | 200 | 1 | 随炉冷却 |
| 2 | 350 | 200 | 1 | 随炉冷却 |
| 3 | 400 | 200 | 1 | 随炉冷却 |
| 4 | 450 | 200 | 1 | 随炉冷却 |
| 5 | 500 | 200 | 1 | 随炉冷却 |
| 6 | 550 | 200 | 1 | 随炉冷却 |

分别对轧制态和退火态样品进行冲杯试验，结果表明：轧制态带材无法完成冲杯试验，冷轧至0.3mm的铝合金板成分偏析严重，材料中有大量夹杂，同时出现加工硬化现象，导致铝板强度过高，塑性降低。退火态样品可以冲杯成功，但制耳率与退火温度存在一定的规律性。图4-20和图4-21分别为不同温度退火后冲杯样品和制耳率。

图4-20 不同温度再结晶退火的样品冲杯试验

冲杯试验表明，铝合金板的制耳率随着退火温度的升高而降低，并可达到国标的要求，在450℃左右板材的制耳率达到最小，但随着退火温度继续增加，制耳率逐渐又开始上升。经过300℃和350℃退火的样品出现明显的45°（与轧制方向成45°）制耳，该样品中的变形织构占大部分比例，再结晶立方织构的比例不明显；高于400℃退火的样品逐渐出现0°/90°（与轧制方向成0°或90°）制耳，说明通过再结晶退火，样品中逐渐开始出现再结晶立方织构，变形的晶粒开始重新形核，材料中变形织构的强度降低；在温度为450℃时，制耳的程度最低，材

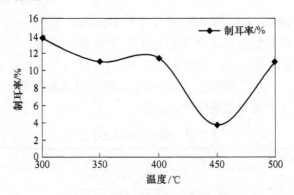

图 4-21 制耳率与退火温度的关系

料中变形织构和再结晶立方织构的比例达到平衡，使得 45° 和 0°/90° 的制耳相互抵消，从而显现出低制耳的状态；但随退火温度的升高，再结晶织构的比例升高，造成强烈的 0°/90° 制耳，又使得材料的制耳率上升。经过 500℃ 和 550℃ 再结晶退火处理的样品表面有明显氧化的痕迹，也会造成板材成分不均，也是造成制耳升高的原因，故铝合金板再结晶退火温度不适宜选在 500℃ 以上。

对冷轧后再生的 3104 铝合金板进行再结晶退火有重要的意义，再生的铝合金本身成分难以控制，多会出现夹杂偏析，经过大量形变的冷轧处理，对材料的塑性造成很大程度的降低；通过合理的再结晶退火处理，可以消除材料的加工硬化现象和残余应力，同时降低强度，提高材料的塑性，为后续加工提供便利。

#### 4.3.6.6 应用前景

针对我国铝资源的严重紧缺、环境污染加剧的现状，通过技术创新与科技进步，使废铝易拉罐实现保级循环利用，同时开发具有自主知识产权的再生铝生产技术，研发成果将具有重大的社会、经济和环境效益。研发的废铝易拉罐保级循环利用成套技术，将提高废弃物回收循环利用的经济效益和环境效益，建立新兴产业集群，拓宽和拉长产业链，最终实现经济增长点产业化，还将极大地推动我国节能环保产业快速可持续发展，为循环经济型、环境友好型社会的建设，为解决我国科技、经济和社会长远发展等战略性问题带来长期深远的影响。

本节内容对解决目前我国废铝易拉罐保级再利用和二次污染重等难题提供重要技术支撑，随着我国对环境保护力度的加大，会对我国社会、生态环境保护和可持续发展做出重要贡献，具有良好的经济、社会和环境效益。

## 4.4 废杂铝双室炉熔炼技术

### 4.4.1 概述

废杂铝熔炼过程分为固态、固液共存（熔化）和液态三个阶段，不同阶段的能量分配如图 4-22 所示。第一阶段，固体铝原料被加热至铝熔点温度附近，该阶段所需热量约占熔炼全过程的 50%；第二阶段，铝液开始出现，炉内固体料数量逐渐减少，该阶段所需热量约占熔炼全过程的 36%；第三阶段，炉内物料全部熔融为液体，该阶段所需热量约占全过程的 14%。

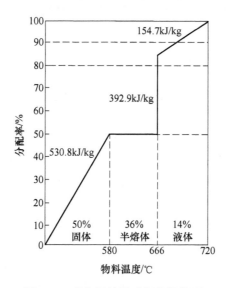

图 4-22 废杂铝熔炼过程能量分配

反射式熔铝炉是应用最为广泛的铝熔炼设备之一，主要由炉体、供热系统、搅拌系统、排烟系统等机构组成，各机构的要求见表 4-22。

表 4-22 熔铝炉各机构的要求

| 序号 | 机构 | 主要部件 | 要 求 |
|---|---|---|---|
| 1 | 炉体钢结构 | 型钢、钢板 | (1) 良好的刚性和气密性；<br>(2) 炉顶散热及通风 |
| 2 | 炉衬 | 耐火浇注料、防渗铝浇注料、保温浇注料 | (1) 良好的保温性及较强的热态强度；<br>(2) 一定的耐磨性、冲刷性 |
| 3 | 供热系统 | 烧嘴、控制系统 | (1) 保证燃料的完全燃烧；<br>(2) 燃烧过程要稳定，能向炉内连续供热；<br>(3) 火焰的性能符合炉型及加热工艺要求；<br>(4) 具有一定的出口速度，强化炉内对流传热 |
| 4 | 搅拌系统 | 电磁搅拌器/永磁搅拌器 | 保证炉内铝液温度、成分均匀 |
| 5 | 排烟系统 | 排烟风机 | (1) 烟气排出顺畅；<br>(2) 保持炉内压力稳定 |
| 6 | 加料系统 | 加料车 | 适应加料量的需要，稳定安全地操作 |

铝烧损、熔炼能耗和环境污染是制约当前再生铝生产发展的三大瓶颈。选用先进的熔炼设备与熔炼工艺，是解决这些问题的关键。双室炉是在侧井反射炉基础上发展起来的一种炉型，其将传统反射炉的炉室分隔成加热室和熔化室两个炉室，具有金属烧损低、节能、废气排放少、生产效率高等优点，已在废杂铝熔炼领域得到了广泛的应用。本节将以双室熔炼炉为代表，介绍废杂铝的高效熔炼及节能环保技术和装备。

### 4.4.2　双室熔炼炉的分类和结构

按铝液循环方式，双室熔炼炉可分为内循环型（无铁件）和外循环型（有铁件）；按加料与预热方式，双室熔炼炉可分为竖炉加料型、回转窑加料型、炉门加料型；按炉室外形，双室熔炼炉可分为矩形、圆形；按熔化室温度可分为熔化室高温型（适用于厚重料）、熔化室低温型（适用于轻薄料）[61]。

再生铝熔炼中一般采用圆形非等直径的双室炉，加热室与熔化室均采用近似圆形设计，可切向布置燃烧器，有利于炉温均匀和炉气循环，减少局部过热过烧现象。2012年，湖南巴陵炉窑节能股份有限公司开发出国内最大的废杂铝双室炉，并在肇庆市大正铝业有限公司投入生产。该炉生产能力108t/炉，采用吸入式液下熔炼，避免高温条件下轻薄废铝物料与空气直接接触，大大降低烧损，提高了回收率。生产实践表明，该炉的吨铝熔炼能耗为58m³天然气，相比传统炉型可节能40%以上。废杂铝双室炉的结构如图4-23所示。

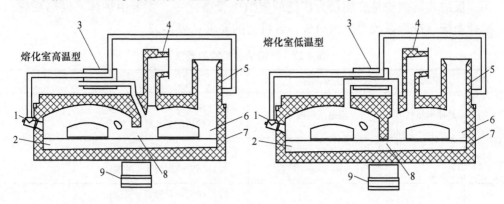

图 4-23　废杂铝双室炉结构图

1—燃烧器；2—加热室；3—空气预热器；4—回转窑；5—竖炉；6—熔化室；
7—炉衬；8—通道；9—永磁搅拌器

废杂铝双室炉通常由加料系统、控制系统、熔化室、加热室、熔化室、铝液循环系统、高温燃烧系统等组成。系统分布及工艺流程如图4-24所示。

（1）加料系统和控制系统。为了保证废杂铝双室炉的热效率，最大程度地

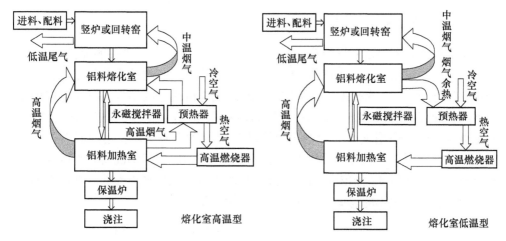

图 4-24 废杂铝双室炉系统分布及工艺流程

降低炉门开启时的能源消耗，双室炉通常需配置专用的加料车，加料时可实现炉门、加料车、收尘烟罩的密闭对接。双室炉的控制系统可有效地控制熔炼温度、烟气温度、铝液循环、热风循环、炉压、炉内气氛、烟气排放等。

（2）加热室和熔化室。双室反射炉的熔化室（外室）主要起熔化废杂铝的作用，加热室（内室）则进行熔炼。实际生产过程中，废杂铝直接加入到加热室的铝熔液中，并迅速被过热的铝熔液淹没，避免了与火焰直接接触，降低了烧损；加热室一侧的炉墙上通常设置有 1~2 个主燃烧器，且容积大于熔化室。其主要作用是加热铝熔液，并熔炼铝合金。

（3）铝液循环系统通常由电磁泵井、熔化室熔池、加热室熔池等构成。电磁泵驱动铝合金液由加热室熔池经泵井进入到熔化室，将加热室的能量传递到熔化室，为熔化室中废料熔化提供主要热源；熔化室铝液再经两室隔墙上的铝液通道回到加热室，完成一个铝液循环过程。这种铝液循环所产生的强制搅拌作用使得熔化室铝液的温度和化学成分更加均匀。该系统中电磁泵井的特殊结构使高速流动的铝液在此形成漩涡，可快速吸入铝屑、金属镁、金属硅等细碎物料。

（4）燃烧系统通常采用蓄热式燃烧方式。加热室的高温烟气（热风）在引风机的负压作用下进入到中央换热器。中央换热器一般由两个换热室及一组换向阀组成，它有 A 和 B 两种工作状态。两种状态由换向阀控制相互交替排烟或给主燃烧器供助燃风。状态 A 时，加热室来的热风通过 A 室的蓄热体，降温后由烟气排风机排入收尘器后排空。然后，鼓风机将冷的助燃风送入 B 室，经 B 室中的蓄热体加热后进入主燃烧器助燃；状态 B 时，加热室来的热风通过 B 室中的蓄热体换热，而冷的助燃风送入 A 室预热，其他同状态 A。高温烟气经中央换热器换热后温度急剧降低，从而有效避免了 $NO_x$ 与二噁英的重新合成。

### 4.4.3　永磁搅拌技术及装置

永磁搅拌是依靠永磁铁所产生的磁力场对金属液体进行非接触搅拌的方法。永磁搅拌器一般由高性能永磁体、行走结构、升降机构、电控系统等组成，结构如图 4-25 所示[62]。永磁搅拌器工作时，永磁搅拌机内置的多极磁场在电极的带动下产生交变磁场，磁场与熔池中的铝熔液相互作用产生感应电势和感生电流。感生电流在磁场作用下产生的电磁力推动铝熔液做定向运动，进而起到搅拌作用。一般情况下，永磁搅拌器置于铝熔炉底部，熔池底部的铝液所获得的搅拌力相对较大，熔池顶部的铝液获得的搅拌力较小。合理调整搅拌参数，即可在不破坏铝熔体表面氧化膜的前提下，获得搅拌均匀的铝液。

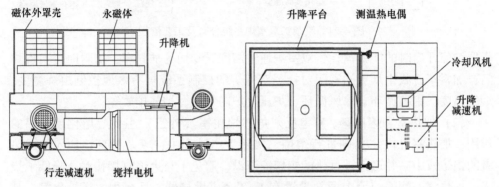

图 4-25　永磁搅拌器结构图

与传统的机械搅拌、液压搅拌等相比，永磁搅拌技术有效地避免了搅拌器直接接触高温铝液，进而提高了设备使用寿命、改善了搅拌效果、减少了搅拌过程的杂质引入。在同样的底置条件下，永磁搅拌和电磁搅拌的能耗比较见表 4-23，永磁搅拌器的能耗只有电磁搅拌机的 1/15～1/20。以 30t 熔铝炉为例，按每炉搅拌 2h、每天生产 4 炉、每年生产 300d 计算，电磁搅拌器的年耗电量约为 $96\times10^4\mathrm{kW\cdot h}$，而永磁搅拌器的年耗电量仅为 $6.0\times10^4\mathrm{kW\cdot h}$。

表 4-23　永磁搅拌与电磁搅拌能耗比较

| 适应吨位 | 永磁搅拌器搅拌功率/kW | 电磁搅拌器搅拌功率/kW |
| --- | --- | --- |
| 10 t 以下 | 4～10 | 160 |
| 10～20t | 12 | 200 |
| 20～30t | 15 | 315 |
| 30～40t | 25 | 400 |
| 40～60t | 28 | 560 |
| 60t 以上 | 30 | 650 |

### 4.4.4 蓄热式燃烧技术及装置

蓄热式燃烧技术又可称为高温空气燃烧技术，它集蓄热系统、燃烧系统、排烟系统和炉体结构于一身，将高效燃烧与余热回收、$NO_x$减排等技术有机结合在一起，可实现节能和污染物减排的双重目标。近十年来，蓄热式燃烧技术及蓄热式燃烧器在熔铝炉上逐步得到了广泛应用。蓄热式燃烧器通常包括蓄热体、烧嘴、换向阀等，陶瓷蜂窝蓄热体或陶瓷球状蓄热体放置在蓄热室内，蓄热体材料一般为 $Al_2O_3$。蓄热体主要起中间载体的作用，把排烟中的热量传递给助燃空气，从而降低炉子的排烟温度、提高助燃空气温度；蓄热式烧嘴一般成对安装，可以是一对，也可以是多对。每对烧嘴周期性交替喷射燃料、助燃空气和排放烟气。蓄热式燃烧技术原理如图 4-26 所示[63]。

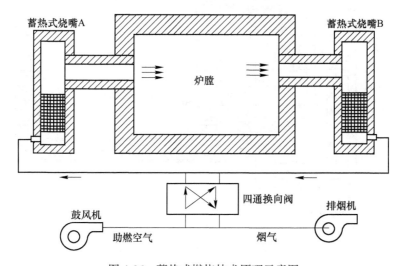

图 4-26 蓄热式燃烧技术原理示意图

从鼓风机出来的常温助燃空气经换向阀切换进入蓄热式烧嘴 A，被蓄热体加热至接近炉膛温度（800～1000℃），并卷吸周围烟气形成一股含氧量大大低于 21% 的低氧高温气流；同时燃料由喷嘴中心喷入炉内，与该高温低氧气流混合、燃烧。与此同时，炉膛内高温烟气经烧嘴 B 排出，其蓄热体处于蓄热状态，烟气以低于 200℃ 的温度排出。两个蓄热式燃烧器的交替工作通过换向阀进行切换，常用的切换周期为 30～200s。

20 世纪 90 年代以来，蓄热式燃烧技术逐渐在国内得到推广应用。2012 年，湖南巴陵炉窑节能股份有限公司为肇庆市大正铝业有限公司设计的 108t 燃气双室炉上也采用了蓄热式燃烧技术，安装两对蓄热式烧嘴，有效提高了二次能源利用率和利用水平，节能效果显著。为了进一步提高烟气预热回收率，湖南巴陵炉窑节能股份有限公司开发了一种无旁通不成对换向型燃烧技术[64,65]，其工作原理如图 4-27 所示。

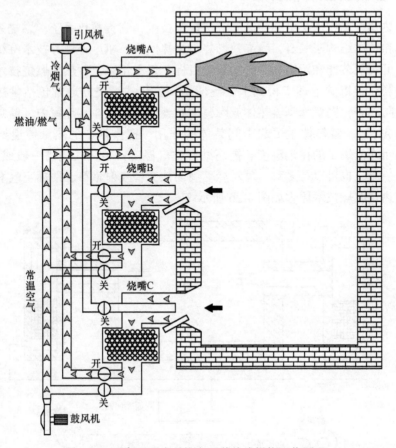

图 4-27 无旁通不成对换向型蓄热式燃烧工作原理

如图 4-27 所示，从鼓风机出来的常温空气经换向阀切换进入蓄热式燃烧器 A（陶瓷球或蜂窝体）时被加热。在极短时间内，常温空气被加热到接近炉膛温度（一般比炉温低 100~150℃）。被加热的高温空气进入炉膛后，卷吸周围炉内的烟气形成一股含氧量远低于 21% 的稀薄、贫氧、高温气流。此时，往稀薄高温空气中心注入燃料（燃油或燃气），燃料在贫氧（2%~20%）状态下燃烧。炉膛内燃烧后的热烟气经过蓄热式燃烧器 B、C 排入大气，高温热烟气的显热被储存在蓄热式燃烧器 B、C 内，150~200℃ 的低温烟气经换向阀排出。一个周期后（30~200s），系统切换到燃烧器 B 燃烧，燃烧器 A、C 排烟。再经一个周期后（30~200s）后，系统切换到燃烧器 C 燃烧，燃烧器 A、B 排烟。如此循环工作，工作温度不高的换向阀以一定的频率进行切换，使蓄热式燃烧器处于蓄热与放热交替工作状态，以达到节能和降低 $NO_x$ 排放量的目的。

与传统蓄热式换热器相比，无旁通不成对换向型蓄热式燃烧技术具有稳定性高、安全性好、显著高效、节能、环保的优点。

## 4.5　铝灰渣回收利用技术

铝灰渣为铝及铝合金熔炼过程中产生的副产物，由氧化铝、金属铝或铝合金、造渣剂等组成[66]。按生产 1t 成品铝锭产生 30~50kg 铝灰渣计算，我国年产铝灰渣 100 余万吨。铝灰渣可分为三大类：白铝灰、黑铝灰、盐饼。

（1）白铝灰。产生于电解铝、铸造等不添加盐熔剂的生产过程，又称一次铝灰。其颜色一般为灰白色，主要成分为铝、铝氧化物，铝含量（质量分数）一般为 15%~75%。

（2）黑铝灰。又称二次铝灰，其颜色一般为灰黑色，主要成分为铝（质量分数为 10%~20%）、氧化铝（质量分数为 20%~50%）、可溶性盐类（质量分数为 40%~55%）及其他组分。较之于白铝灰，其含有较少的金属铝、较多的盐类。

（3）盐饼。黑铝灰的一种，金属铝含量较低、含有大量的盐类并固结成块。其为多种不同元素化合物组成的混合物，包含剩余金属铝（质量分数为 5%~7%）、氧化铝（质量分数为 15%~30%）、氯化铝（质量分数为 30%~55%）、氯化钾（质量分数为 15%~30%）和其他杂质。

铝灰渣中因含铝或铝合金质量分数为 10%~80%，具有较高的回收价值。目前，铝灰渣的回收利用方法主要包括炒灰回收法、挤压回收法、Aluminium Recycling 法、等离子体速熔法、倾动回转炉法、分选回收法等。

（1）炒灰回收法是将熔炼炉中扒出的铝灰渣装入铁锅中，用铁铲对铝灰进行翻炒，使铝与空气充分接触产生铝热反应，提高铝的温度从而提高其流动性，在重力作用下，铝富集回收。该方法具有操作简单、设备要求低、投资少等优点[66]，然而也存在铝烧损严重、自动化程度低、环境污染严重等问题。

（2）倾动回转炉法是将熔剂放入倾动炉中并在高温下充分熔化，然后，将铝灰加入炉内，熔融后的铝液从放料口收集后送至铸造工序。倾动回转炉法处理铝灰，具有高效、机械程度高、环保效果好等优点，在许多企业中得到了广泛应用。

（3）Aluminium Recycling 法是由丹麦阿加公司（AGA）、霍戈文斯铝业公司（Hoogovens Aluminium）、曼公司（MAN）联合开发的一种方法。该方法在回转式熔化炉处理铝灰过程中，通入混合纯氧的天然气做燃料。纯氧的加入提高了熔炉的升温速率，同时，炉体的不停旋转也使得铝渣与氧气充分接触，减少了燃料的使用。因此，该方法具有热效率高、能量消耗少等优点，备受部分西方国家的青睐。Aluminium Recycling 法的金属铝回收率可达 90% 以上，处理后的部分铝灰还需进行进一步收集处理[67]。

（4）等离子体速熔法是在倾动炉处理铝灰过程中，向炉内通入添加含有CO、CH$_4$、H$_2$等助燃气体的空气，使铝灰渣在倾动炉内浮动并迅速升温至900℃以上。等离子体速熔法可使铝颗粒表面的氧化物膜迅速消失，铝颗粒流动性加强，最终快速汇集到炉底。处理过程中若使用添加剂CaO，可在高温下生成铝酸钙及熔融铝两种主要产物。由于铝的密度比铝酸钙低，处理结束后可从炉底先放出铝酸钙，其后得到熔融态的铝[68]。该方法的处理过程中无需添加盐熔剂，铝回收率可达90%以上，已被诸多企业采用。

（5）挤压回收法是通过施加静压或动压，将热铝灰渣中的熔融铝挤压出来的方法[69]，最具代表性的是"The Press"工艺。"The Press"工艺是由美国阿尔特克国际公司（Altek International）开发的一种炉渣处理工艺，其工作机理为：利用压头向炉渣施加压力，炉渣内的液体金属受压后从渣中溢出并流向底层的收集装置。在此过程中，炉渣中的氧化物基本被包裹在金属壳内，氧化过程迅速终止。反应中产生的热量被压头内的冷却水迅速带走，铝渣的温度可从800℃以上迅速降低至400℃以下，减少了铝灰中金属的氧化反应。"The Press"工艺的设备较为简单，回收率可达60%以上，环境污染少，在许多发达国家应用较为广泛，在我国尚处于研发阶段。

张深根等[70]开发了一种从铝灰渣中回收金属铝和铝合金的装置及方法，该方法采用压渗的原理，将具有一定过热度的铝灰渣置于料槽中加压渗出金属，避免了热态铝灰渣的铝热反应，将液态或半凝固状态的铝和铝合金在压力作用下高效回收，具有铝和铝合金烧损率低、回收率高、无粉尘污染、效率高等特点。该装置示意图如图4-28所示。

该装置主要包括料槽、压板、推板和底槽。料槽由带孔底板、固定板和活动板组成，活动板与带孔底板铰链连接，活动板和固定板通过活动销连接；压板和加压液压缸通过螺栓2连接，加压液压缸和支柱通过螺栓1连接，支柱位于基座上端，基座位于料槽的一端并与推板成90°；推板与排渣液压缸连接，排渣液压缸固定于固定板，推板与活动板平行；底槽位于料槽正下面，呈凹形，在凹槽最低处开口便于铝和铝合金熔体的收集。

熔炼炉扒出的热态铝灰渣装入料槽15内，通过加压液压缸9加压，将铝和铝合金的熔体从铝灰渣中分离、收集于底槽16。加压结束后，取下活动销6，使活动板3向下翻转180°，排渣液压缸12驱动活塞杆13和推板14，将残渣推出料槽15。该装置结构简单、保温效果好、操作方便、安全可靠，从铝灰渣中回收铝和铝合金的方法具有铝烧损低、回收率高、无污染的优点。

（6）分选回收法：

1）重选法处理铝灰是利用铝灰中铝单质与其他杂质密度的差异进行铝分离

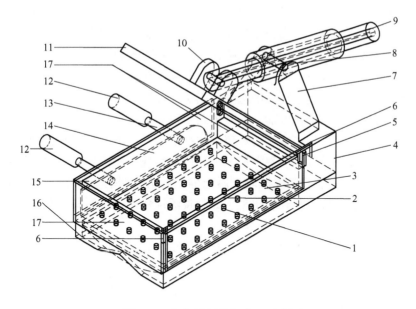

图 4-28　铝灰渣回收铝装置示意图

1—带孔底板；2—保温层；3—活动板；4—基座；5—滑动螺栓；6—活动销；7—支柱；

8—螺栓 1；9—加压液压缸；10—螺栓 2；11—压板；12—排渣液压缸；13—活塞杆；

14—推板；15—料槽；16—底槽；17—固定板

的方法，通常以摇床为主要处理设备。重选法对热回收后的铝灰（二次铝灰）分离效果较好。

2）离心技术处理铝灰是将铝灰渣加热至铝熔点温度以上，待铝转化为液态后，利用耐热离心机将铝液从铝灰中脱离出来，并流入承接设备中。钟华萍等[71]开发了一套铝灰渣旋转分离装置，如图 4-29 所示。研究结果表明，铝灰渣

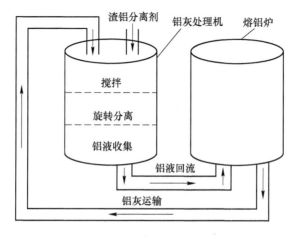

图 4-29　铝灰渣旋转分离装置示意图

经加热、与分离剂混合、旋转分离等工序后，其中的单质铝可有效分离出来。目前，铝灰渣的离心分离技术尚处于研制阶段，再生铝行业中实际应用较少。

3）电选法处理铝灰是利用铝灰渣中各组分电性能的差异，通过电选法将铝灰中的铝与其他杂质分离。电选设备的核心部件是转鼓，分选过程中，转鼓周围的电极会形成一个覆盖整个转鼓的电场。铝灰由转鼓正上方的投料口加入，经过电场时金属铝失去电子带正电荷，而其他杂质得到电子带负电荷。在重力及转鼓施加的离心力作用下，失去电子的金属铝颗粒汇集于设备底部的收集槽内，而其他带有负电荷的杂质成分则吸附于转鼓上，最终实现金属铝和杂质的有效分离。

（7）其他方法。除了直接提取金属铝的回收方式外，近年来，以铝灰为原料制备新材料的技术被不断开发出来，如制备活性氧化铝、制备硫酸铝、制备棕刚玉等[72]。

1）制备氧化铝。$Al_2O_3$具有优良的机械强度、硬度、电导率、热导率及抗热震性能，广泛应用于陶瓷、医药、电子、机械等行业，其中 $\alpha$-$Al_2O_3$ 广泛应用于催化剂载体、催化剂、研磨剂、切削工具、高级陶瓷等的生产制备[73]。铝灰中的氧化铝可以采用湿法浸取工艺进行回收，其工艺流程如图 4-30 所示。

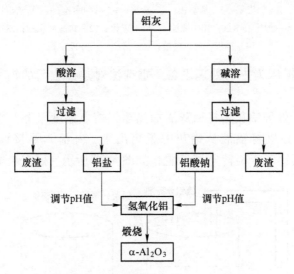

图 4-30 铝灰渣制备 $\alpha$-$Al_2O_3$工艺流程

①铝灰的酸浸取反应过程如下：

$$Al_2O_3 + 6HCl \Longrightarrow 2AlCl_3 + 3H_2O$$
$$2Al + 6HCl \Longrightarrow 2AlCl_3 + 3H_2 \uparrow$$
$$AlCl_3 + 3NaOH \Longrightarrow Al(OH)_3 + 3NaCl$$

采用酸浸法处理铝灰，铝的浸取率相对较高，然而，铝灰中的金属杂质在酸浸过程中也会发生反应，致使最终制备的氧化铝产品颜色发黄，纯度偏低。

②铝灰的碱浸取反应过程如下：

$$2Al_2O_3 + 4NaOH \xrightarrow{\hspace{1.5cm}} 4NaAlO_2 + 2H_2O$$

$$2Al + 2NaOH + 2H_2O \xrightarrow{\hspace{1.5cm}} 2NaAlO_2 + 3H_2 \uparrow$$

$$NaAlO_2 + HCl + H_2O \xrightarrow{\hspace{1.5cm}} Al(OH)_3 \downarrow + NaCl$$

相对于酸浸工艺，碱浸过程的铝浸取率相对较低，然而由于碱浸过程中不易混入杂质金属离子，因此碱浸工艺得到的氧化铝样品的纯度较高。

以铝灰为原料制备 $Al_2O_3$ 成为研究的热点。Das B R 等[74]制备了高附加值的 $\eta$-$Al_2O_3$，首先，筛分铝灰以分离出其中大块的金属铝；接着，将铝灰进行水洗，分离和回收铝灰中的 NaCl 等可溶性盐；向筛分、水洗后铝灰中加入 $H_2SO_4$，使铝灰中的金属铝及氧化铝溶解并形成 $Al_2(SO_4)_3$ 溶液；以氨水为沉淀剂，将 $Al_2(SO_4)_3$ 转变为无定型的 $Al(OH)_3$ 沉淀；$Al(OH)_3$ 沉淀经焙烧后，得到了 $\eta$-$Al_2O_3$。研究结果表明，制备的活性 $\eta$-$Al_2O_3$ 可用于催化剂或者吸附剂。

2）制备高温及耐火材料。由于铝灰中含有制备耐火材料所需的 $Al_2O_3$ 和 $SiO_2$，因此，近年来以铝灰为原料制备耐火材料成为研究热点。刘瑞琼等[75]以二次热水浸洗后的铝灰为主要原料，铁屑为澄清剂，采用电炉熔炼法制备了棕刚玉。与常规工艺相比，该工艺的冶炼温度低（1700~1800℃），冶炼时间较短（6~8h），棕刚玉产品中 $SiO_2$、$Fe_2O_3$、$TiO_2$、C 等杂质含量可分别降低 36%、78.6%、31.8% 和 75.5%。Ibarra Castro 等[76]将铝灰依次进行球磨过筛、磁选除铁、水洗除盐等处理，得到主要由 $Al_2O_3$、AlN、$MgAl_2O_4$、$SiO_2$ 和金属 Al 组成的混合物。接着，以该混合物与锆英石为原料，采用高温固相合成法制备出了 $ZrO_2$ 颗粒均匀分散的莫来石-$ZrO_2$ 复合材料。

镁铝尖晶石是一种高温力学性能稳定的材料，广泛应用于陶瓷、水泥、钢铁、玻璃等领域。一些学者开展了以铝灰为原料制备镁铝尖晶石的研究，其主要反应式为：

$$xSiO_2 + (1-x)MgO + [1-(x/3)]Al_2O_3 + (2x/3)AlN \rightarrow$$

$$(Mg_{1-x}, Si_x)Al_2O_4 + (x/3)N_2$$

李晓娜等[77]以铝灰渣为原料，配加高铝矾土和轻烧镁砂，采用电熔法成功制备出镁铝尖晶石产品。其研究结果表明，优化工艺下，镁铝尖晶石产品的显气孔率为 0.9%，体积密度为 $3.48t/m^3$，耐火度大于 1800℃。Hashishin T 等[78]利用水洗后的铝灰为原料，采用感应加热合成的方法，在 1814℃ 下制备出（Mg，Si）$Al_2O_4$ 尖晶石产品。研究结果表明，在反应过程中铝灰中的 AlN 最先被氧化，然后逐渐反应形成镁铝尖晶石相。

Sialon 陶瓷材料（$Si_3N_4$-AlN-$Al_2O_3$-$SiO_2$）是一种优质的耐高温陶瓷材料，具有高热稳定性、高耐磨性等优点，被广泛应用于石油、冶金等领域。目前，Sialon 材料的制备多以纯料为原料，成本居高不下，一定程度上限制了其大规模生产应用。李家镜等[79]采用铝灰和粉煤灰为原料，以铝热还原氮化法合成工艺为基础，辅以热压烧结法，成功制备出 Sialon 材料。该方法不仅降低了 Sialon 材料的生产成本，同时也实现了铝灰的资源化利用。

3）制备新型材料。$AlPO_4$-5 材料为具有特殊的多孔结构，目前被广泛应用于分子筛、催化剂等领域。Murayama 等[80]利用铝灰为原料，采用水热法合成了 $AlPO_4$-5 型沸石材料。研究结果表明，以三乙胺为结构导向剂，180~200℃下水热反应 3h 即可合成质量较好的 $AlPO_4$-5 多孔材料；优化工艺下，制备的 $AlPO_4$-5 材料比表面积可达 $360m^2/g$。

## 4.6　我国废杂铝回收现状

2001~2014 年，全球铝消费由 2372 万吨增加到 5086 万吨（年均增长率约 6%），中国铝消费量由 363 万吨增长到 2438 万吨（年均增长率 16.2%）。随着铝消费量的增加及时间的推移，我国铝资源的社会蓄积量激增。铝的使用周期约为 20 年，社会蓄积量的增加也使得我国废铝的产生量以几何级数的速度增长。据中国有色金属工业协会再生金属分会预测："2020 年国内废杂铝（含新废料）产生量约 370 万~390 万吨，2025 年将达到 650 万吨，此后将逐步奔向 1000 万吨。今后进口废杂铝与国产废铝的比例将不断下降，降速将趋于平稳。"与西方发达国家相比，我国废铝回收利用主要存在以下问题[81]：

（1）产能过剩，产品竞争力不强。目前，我国产能超 10 万吨的再生铝企业已达数十家，其中年产超 30 万吨的企业 5 家，主要分布在珠江三角洲（10 余家大型企业，年产能约 150 万吨）、长江三角洲地区（约 15 家大型企业，年产能约 200 万吨）、环渤海地区（约 10 家，产能约 100 万吨）。再生铝的产能过剩、产品竞争力不强、同质化严重等问题严重影响了我国再生铝行业的发展。

（2）技术装备相对落后。与西方发达国家相比，我国的再生铝行业的技术装备水平仍处于相对落后的地位，如：部分企业仍采用人工拆解、分选的预处理方式，效率低、污染严重；铝液直供、蓄热式燃烧、余热回收利用等技术尚未普及，铝收得率低、能耗高。

（3）污染严重。相当数量的再生铝企业的环保设施陈旧，环境污染严重。

（4）行业管理、监督机制不完善。再生铝行业在生产过程中管理与监督问题的不到位，使再生铝产业环保问题依然突出，这就逐渐拉大了与发达国家的距离。

# 参 考 文 献

［1］ 黄伯云，李成功，石力开，等．中国材料工程大典第4卷有色金属材料工程（上）［M］．北京：化学工业出版社，2005．

［2］ 刘培英．再生铝生产与应用［M］．北京：化学工业出版社，2013．

［3］ 范超，龙思远，李聪，等．废铝分类分离技术的研究进展［J］．轻金属，2012，7：61-64．

［4］ 张深根，潘德安，孙井志，刘波，等．一种用于废旧金属油漆层热脱除的装备和方法［P］．中国专利：ZL201310571725. 1.

［5］ 张深根，刘波，田建军，等．一种含油工业废弃物的无污染连续处理设备及方法［P］．中国专利：ZL201110153527. 4.

［6］ 肖亚庆．铝加工技术使用手册［M］．北京：冶金工业出版社，2005．

［7］ 王祝堂．废旧铝再生现代预处理技术与冶金处理工艺［J］．轻金属，1991，4：51-55．

［8］ Ashby M, Jones D. Engineering materials：An introduction to their properties and applications ［M］. Oxford：Pergamon Press，1980.

［9］ Gesing A, Wolanski R. Recycling light metals from end-of-life vehicles［J］. Automotive light metals，2001，11.

［10］ Rem P C, Leest P A, Akker A J. A model for eddy current separation［J］. International Journal of Mineral Processing，1997，49：193-200.

［11］ Zhang S, Forssberg E. Physical approaches to metals recycling from electronic scrap. Part V. Eddycurrent separation technology：overview, fundamentals and applications［C］. Mimer Report No. 7. Lulea, Sweden：Division of Mineral Processing, Lulea University of Technology，1997.

［12］ Zhang S, Forssberg E, Arvidson B, et al. Aluminum recovery from electronic scrap by High-Force eddy - current separators［J］. Resources, Conservation and Recycling，1998，23：225-241.

［13］ 江鸿，向群．铝罐生产技术和市场发展［J］．铝加工，2005，2：26-28．

［14］ 陈冬一，杨兴学，关予，等．改革开放30年：中国铝罐料工业从无到有［J］．轻合金加工技术，2009，7：1-5．

［15］ 郑骥．铝易拉罐回收利用技术及市场［J］．新材料产业，2012，6：53-55．

［16］ GB/T 3190—2008，变形铝及铝合金化学成分［S］．北京：中国标准出版社，2008．

［17］ Alvarez G, Arce J, Lira L, et al. Thermal performance of an air solar collector with an absorber plate made of recyclable aluminum cans［J］. Solar Energy，2004，77（1）：107-113.

［18］ Ozgen F, Esen M, Esen H. Experimental investigation of thermal performance of a double-flow solar air heater having aluminium cans［J］. Renewable Energy，2009，34（11）：2391-2398.

［19］ Rabah M A. Preparation of aluminium-magnesium alloys and some valuable salts from used beverage cans［J］. Waste Management，2003，23（2）：173-182.

［20］ Martínez S S, Benites W L, Alvarez A A Á, et al. Recycling of aluminum to produce green energy [J]. Solar Energy Materials & Solar Cells, 2005, 88 (2): 237-243.

[21] Martínez S S, Sánchez L A, Gallegos A A A, et al. Coupling a PEM fuel cell and the hydrogen generation from aluminum waste cans [J]. International Journal of Hydrogen Energy, 2007, 32 (15): 3159-3162.

[22] Asencios Y J O, Sun-Kou M R. Synthesis of high-surface-area γ-Al$_2$O$_3$ from aluminum scrap and its use for the adsorption of metals: Pb (Ⅱ), Cd (Ⅱ) and Zn (Ⅱ) [J]. Applied Surface Science, 2012, 258 (24): 10002-10011.

[23] Chotisuwan S, Sirirak A, Har-Wae P, et al. Mesoporous alumina prepared from waste aluminum cans and used as catalytic support for toluene oxidation [J]. Materials Letters, 2012, 70 (1): 125-127.

[24] Hu Y, Bakker M C M, Heij P G. Recovery and distribution of incinerated aluminum packaging waste [J]. Waste Management, 2011, 31 (12): 2422-2430.

[25] Biganzoli L, Gorla L, Nessi S, et al. Volatilisation and oxidation of aluminium scraps fed into incineration furnaces [J]. Waste Management, 2012, 32 (12): 2266-2272.

[26] 刘学慧. 市生活垃圾焚烧底灰的性能研究及资源化利用 [D]. 武汉: 武汉理工大学, 2011.

[27] KHoei A R, Masters I, Gethin D T. Design optimisation of aluminium recycling processes using taguchi technique [J]. Journal of Materials Processing Technology, 2002, 127 (1): 96-106.

[28] Gatti J B, Castilho G, Correa E E. Recycling of aluminum can in terms of Life Cycle Inventory (LCI) [J]. The International Journal of Life Cycle Assessment, 2008, 13 (3): 219-225.

[29] 念晓石, 李升章. 国外易拉罐回收现状 [J]. 有色金属 (冶炼部分), 1992, 2: 46.

[30] 田素芳. 废易拉罐预处理工艺的研究 [J]. 轻金属, 1993, 11: 37-39.

[31] 葛娣. 环境友好的溶剂型脱漆剂的研究进展 [J]. 广州化工, 2010, 1: 17-18.

[32] 徐勇军, 祝慧. 脱漆剂的配方和发展趋势 [J]. 广东化工, 2008, 9: 35-38.

[33] 林阳书. 一种脱漆清洗方法及其脱漆清洗剂 [P]. 中国专利: 201210191842.0, 2012-6-12.

[34] 李咏, 赵云强, 杨晓飞, 等. 清除环氧底漆和聚氨酯面漆涂层的脱漆剂 [P]. 中国专利: 201210357488.4, 2012-9-24.

[35] 周远翔. 废易拉罐铝合金料的除漆熔化技术 [J]. 有色冶炼, 2001, 1: 43-45.

[36] 王祝堂. 废旧全铝易拉罐除漆与熔炼技术的进展 [J]. 中国物资再生, 1993, 7: 24-25.

[37] 张坤. 一种用于废铝表面脱漆装置 [P]. 中国专利: 201220387750.5, 2012-8-7.

[38] 夏明许, 张亦杰, 左玉波. 一种废旧易拉罐脱漆熔炼一体化装置 [P]. 中国专利: 201220407883.4, 2012-08-17.

[39] 李飞庆. 双级均匀化对 3104 铝合金组织和再结晶行为的影响 [D]. 长沙: 中南大学, 2009.

[40] 孙东立, 姜石峰, 高兴锡. 均匀化处理对 3004 铝合金显微组织的影响 [J]. 中国有色金属学报, 1999, 3: 556-561.

[41] 肖亚庆, 谢水生, 刘静安, 等. 铝加工技术实用手册 [M]. 北京: 冶金工业出版

社，2005.

[42] 陈文，林林. 论述易拉罐铝材生产的关键工艺技术［J］. 铝加工，2007，3：12-15.

[43] 王立娟. 变形铝合金熔炼与铸造［M］. 长沙：中南大学出版社，2010.

[44] 张深根，刘波，潘德安，等. 一种废铝易拉罐绿色循环保级再利用的方法［P］. 中国专利：201210432365.2，2012-11-02.

[45] 张深根，刘波，潘德安，等. 一种由废杂铝再生目标成分铝合金的方法［P］. 中国专利：201310018088.5，2013-01-17.

[46] Zhang S, Liu B, Pan D, et al. A green recycling method of waste Aluminum cans for reusing in Aluminum cans［P］. PCT/CN2012/079789, 2012-8-7.

[47] 刘阳. 废铝易拉罐制备3104铝合金工艺研究［D］. 北京：北京科技大学，2014.

[48] 孙井志. 废铝易拉罐再生3104铝合金关键技术及装备［D］. 北京：北京科技大学，2015.

[49] Purdy G, Kirkaldy J. Homogenization by diffusion［J］. Metallurgical and Materials Transactions B, 1971, 2：371-378.

[50] 张永皞，张志清，林林. 3×××系罐身铝合金第二相及其对加工过程的影响研究进展［J］. 材料导报，2012，13：101-108.

[51] Merchant H D, Morris J G, Hodgson D S. Characterization of intermetallics in aluminum alloy 3004［J］. Materials Characterization, 1990, 25（4）：339-373.

[52] Li Y J, Arnberg L. Evolution of eutectic intermetallic particles in DC-cast AA3003 alloy during heating and homogenization［J］. Materials Science and Engineering：A, 2003, 347（1-2）：130-135.

[53] Engler O, Kong X W, Yang P. Influence of particle stimulated nucleation on the recrystallization textures in cold deformed Al-alloys Part I-Experimental observations［J］. Scripta Materialia, 1997, 37（11）：1665-1674.

[54] Humphreys F J. The nucleation of recrystallization at second phase particles in deformed aluminium［J］. Acta Metallurgica, 1977, 25（11）：1323-1344.

[55] Yang P, Engler O. The formation of twins in recrystallized binary Al-1.3%Mn［J］. Materials Characterization, 1998, 41（5）：165-181.

[56] Alexander D T L, Greer A L. Formation of eutectic intermetallic rosettes by entrapment of liquid droplets during cellular columnar growth［J］. Acta Materialia, 2004, 52（20）：5853-5861.

[57] Alexander D T L, Greer A L. Solid-state intermetallic phase transformations in 3××× aluminium alloys［J］. Acta Materialia, 2002, 50（10）：2571-2583.

[58] Sun D L, Kang S B, Koo H S. Characteristics of morphology and crystal structure of α-phase in two Al-Mn-Mg alloys［J］. Materials Chemistry and Physics, 2000, 63（1）：37-43.

[59] Humpherys F J, Hatherly M. Recrystallization and related annealing phenomena［M］. Oxford：Elsevier Science Ltd, 1995.

[60] 李赛毅，张新明. 深冲用板材的制耳现象及其控制途径［J］. 铝加工，1996，2：36-38.

[61] 闫辉. 铝熔炼设备及再生铝回收新技术分析［J］. 再生利用，2014，7（5）：42-44.

[62] 周绍芳. 永磁搅拌器 [P]. 中国专利：200620050897. X，2006-04-30.

[63] 岳阳市巴陵节能炉窑工程有限公司. 一种蓄热式燃烧系统及其控制方法 [P]. 中国专利：201310437228. 2，2013-09-24.

[64] 岳阳市巴陵节能炉窑工程有限公司. 一种蓄热式燃烧系统 [P]. 中国专利：201320589138. 0，2013-09-24.

[65] 周绍芳，孙贤刚. 复合管空气预热器 [P]. 中国专利：201010512931. 1，2010-10-20.

[66] 柴登鹏，周云峰，李昌林，等. 铝灰综合回收利用的国内外技术现状及趋势 [J]. 轻金属，2015，6：1-4.

[67] Khoei A, Masters I, Gethin D. Numerical modelling of the rotary furnace in aluminium recycling processes [J]. Journal of materials processing technology, 2003, 139 (1)：567-572.

[68] Hazar A, Saridede M N, Cigdem M. A study on the structural analysis of aluminium drosses and processing of industrial aluminium salty slags [J]. Scandinavian journal of metallurgy, 2005, 34 (3)：213-219.

[69] Hwang J Y, Huang X, Xu Z. Recovery of Metals from Aluminum Dross and Saltcake [J]. Journal of Minerals & Materials Characterization & Engineering, 2006, 5 (1)：47-62.

[70] 张深根，丁云集，刘波，等. 一种从铝灰渣中回收金属铝和铝合金的装置及方法 [P]. 中国专利：201610327771. 0.

[71] 钟华萍，李坊平. 从热铝灰中回收铝 [J]. 铝加工，2001，24 (1)：54-55.

[72] Shinzato M C, Hypolito R. Solid waste from aluminum recycling process：characterization and reuse of its economically valuable constituents [J]. Waste Manage, 2005, 25：37-46.

[73] 尹月，马北越. 熔盐合成法制备无机粉末材料新进展 [J]. 稀有金属与硬质合金，2016，44 (4)：66-72.

[74] Das B R, Dash B, Tripathy B C. Production of η-alumina from waste aluminum dross [J]. Minerals Engineering, 2007, 20：252-258.

[75] 刘瑞琼，智利彪，智国彪. 利用铝灰低温冶炼制备棕刚玉 [J]. 耐火材料，2014，48 (2)：145-146.

[76] Ibarra Castro M N, Almanza Robles J M, Cortes Hernandez D A, et al. Development of mullite/zirconia composites from a mixture of aluminum dross and zircon [J]. Ceramics International, 2009, 35：921-924.

[77] 李晓娜. 铝灰制备镁铝尖晶石及其在 $Al_2O_3$-$MgAl_2O_4$ 耐火材料中的应用 [D]. 上海：上海交通大学，2008.

[78] Hashishin T, Kodera Y, Yamamoto T, et al. Synthesis of (Mg, Si) $Al_2O_4$ spinel from aluminum dross [J]. Journal of the American Ceramic Society, 2004, 87：496-499.

[79] 李家镜，陈海奠，装伟，等. 采用铝灰和粉煤灰合成 Sialon 粉 [J]. 稀有金属材料与工程，2009，38 (S2)：44-47.

[80] Murayama N, Okajima N, Yamaoka S, et al. Hydrothermal synthesis of $AlPO_4$-5 type zeolitic materials by using aluminum dross as a raw material [J]. Journal of the European Ceramic Society, 2006, 26：459-462.

[81] 杨晓霞. 国内外铝工业现状及发展前景 [J]. 有色金属加工，2016，45 (1)：4-7.

# 5 铅循环利用技术

铅产量在有色金属中仅次于铝、铜、锌，位居第 4 位。随着社会的发展及原生铅矿的不断开发，铅矿产资源面临枯竭的危机。有研究表明[1]，按照目前铅矿资源的储采比，原生铅矿可开采 25～30 年。铅冶炼及电解、铅蓄电池生产等过程中产生的含铅废物属于危险废物，已被列入《国家危险废物名录》。然而，这些含铅废物也是宝贵的铅二次资源。以含铅废物为原料生产再生铅，不仅节约原生铅矿的资源、保护生态环境，同时也可获得显著的经济和社会效益。如：与原生铅矿生产相比，从废铅酸电池中回收铅的节能 1/3 左右[2]；可显著降低铅矿的采选冶工艺对环境和人体的危害。因此，含铅废物的无害化处置及综合利用已成为固废资源化重要方向之一[3-5]。

西方发达国家再生铅的产量约占铅总产量的 65%，部分国家如美国可高达 76%。发展中国家的再生铅所占比例较低（低于 30%）。为规范再生铅行业、保护生态环境，2012 年我国《再生铅行业准入条件》[6]发布实施以来，再生铅产业健康发展、产业升级和结构调整取得显著成效、产业集中度明显提高[7]。2011 年，我国再生铅产量 135 万吨，占当年铅产量的 29%；2015 年达 250 万吨以上，占铅总产量的比值超过 50%，呈现出节能减排和环境保护的双重效益，对实现我国有色金属工业可持续发展具有重要意义[8]。

## 5.1 含铅废料来源与分类

随着铅的应用领域扩大，含铅废料来源日益广泛。厘清含铅废料来源并进行科学分类，有利于铅的循环利用。

### 5.1.1 含铅废料来源

含铅废料主要来源包括废铅蓄电池、废弃 CRT（阴极射线管显示器）、立德粉浸出渣、铅阳极泥、铜转炉烟灰矿渣、钢厂电弧炉烟灰、选矿尾矿、锌厂废渣等。其中，废铅蓄电池、废弃 CRT 为再生铅的主要原料来源，超过 85% 的废杂铅来自废蓄电池。美国废蓄电池及蓄电池厂产生的废料占含铅废料 90%，其中报废汽车蓄电池占废蓄电池料约 85%，欧洲废蓄电池占含铅废料一半左右[9]。废铅蓄电池由正负极板、电解液、隔板、电池槽、零件（如端子、排气栓、连接条）等构成。正、负极板由栅板和活性物质构成，栅板为铅锑合金或其他铅基合金，活性物质为 $PbO_2$、$Pb$ 和 $PbSO_4$。废铅蓄电池未被腐蚀的电极板、栅和连接物中铅含量约占废蓄电池铅总量的 45% ~ 50%；腐蚀后的极板和活性物质填料组成的浆料或渣泥（一般称为铅膏或填料）中铅含量约占废蓄电池铅总量的 50% ~ 55%[10]。

### 5.1.2  含铅废料分类

根据报废产品，含铅废料大致分为以下几类：

（1）废铅酸蓄电池。2012 年，全球精铅产量达到了 1065 万吨，其中近 810 万吨精铅用于制造铅酸蓄电池，约占精铅产量的 80%。2012 年我国精铅产量为 464.6 万吨，其中约 330 万吨被用于铅酸蓄电池的制造。由废旧铅酸蓄电池回收铅比开采铅矿的成本和能耗可分别降低 38% 和 33%[11]。由此可见，废铅酸蓄电池是再生铅主要原料之一[12]。

（2）废弃 CRT。CRT 产品的前屏、阴极射线管、锥管等都含有大量的氧化铅[13]。废弃 CRT 是再生铅的重要来源。

（3）工业废料包括铅及其制品在加工过程产生的废渣、报废品、半成品等。对于这些含铅废料，研究者提出了多种再利用方法，如张正洁[14]研发了利用废铅膏生产超细 PbO 粉体技术，为废铅膏的循环利用提供了新思路。

（4）含铅尘泥包括金属熔炼及吹炼过程中产生的烟尘、铜转炉烟灰矿渣、钢厂电弧炉烟灰、选矿尾矿、锌厂废渣等。

（5）铅锡焊料、电缆包皮。

（6）铅弹与军火用铅。

（7）化学品用铅，如涂料、搪瓷、汽车添加剂（四乙基铅）等。

## 5.2  废铅蓄电池循环利用技术

铅酸蓄电池是我国铅的主要消费领域，其使用量已占所有电池市场份额的 70%。2015 年我国生产铅酸蓄电池耗用铅约 390 万吨，约占我国铅消费总量的 83%，约占全球铅消费总量的 40% 以上。同时，随着铅酸蓄电池新增使用量和保有量的增加，"十三五"时期我国将面临铅酸蓄电池大量报废和回收再利用的重大社会问题。如何科学高效回收废铅蓄电池迫在眉睫，本章节介绍了国内外铅酸蓄电池回收处理主要工艺，包括预处理（机械破碎分选、含硫铅膏脱硫等）、铅及其他有价物质回收（包括火法、湿法、干湿联合法工艺）等。相对而言，我国的再生铅行业仍处于起步阶段[15]。

### 5.2.1 废铅蓄电池结构及成分

铅酸电池为二次干电池，以金属铅为阳极，氧化铅为阴极，硫酸为电解液，含有多种重金属、酸、碱等。铅酸电池是目前世界上各类电池中产量最大、用途最广的一种电池，使用寿命一般为 1.2~2 年[16]。废铅蓄电池由正负极板、电解液、隔板、电池槽、零件（如端子、排气栓、连接条）等构成。按照成分，废铅酸蓄电池通常包括废电解液（11%~30%）、铅或铅合金板栅（24%~30%）、铅膏（30%~40%）、有机物（22%~30%）[3]。正、负极板由栅板和活性物质构成，栅板为铅锑合金或其他铅基合金，活性物质为 $PbO_2$、Pb 和 $PbSO_4$。蓄电池外壳和隔板多为聚丙烯及聚氯乙烯等塑料有机物。铅蓄电池充放电过程电极反应为[17]：

放电过程

负极 $$Pb + SO_4^{2-} - 2e^- =\!\!=\!\!= PbSO_4$$

正极 $$PbO_2 + 4H^+ + SO_4^{2-} + 2e^- =\!\!=\!\!= PbSO_4 + 2H_2O$$

充电过程

阳极 $$PbSO_4 + 2H_2O - 2e^- =\!\!=\!\!= PbO_2 + 4H^+ + SO_4^{2-}$$

阴极 $$PbSO_4 + 2e^- =\!\!=\!\!= Pb + SO_4^{2-}$$

铅蓄电池是一种可循环充放电的原电池，以铅为阴极、二氧化铅为阳极、硫酸溶液为电解液，通过物质转化实现充放电。总反应为：

$$Pb + PbO_2 + 2H_2SO_4 =\!\!=\!\!= 2PbSO_4 + 2H_2O$$

该反应为可逆反应，放电时反应向右进行，生成硫酸铅，充电时向左进行。理想情况下充放电可以一直反复进行，但实际上放电产生的硫酸铅会随循环次数增加逐渐覆盖电极板，使电极板的导电性渐弱，最终导致不能充电，蓄电池由此报废。废铅蓄电池中回收的铅主要来自正负极栅板及活性物质：未被腐蚀的电极板、栅和连接物的含量约占废蓄电池铅总量的 45%~50%；腐蚀后的极板和活性物质填料组成的浆料或渣泥（一般称为铅膏或填料），约占电池铅总量的 50%~55%[17]。废铅蓄电池含铅物相的典型组成如表 5-1 所示。

表 5-1　典型废铅蓄电池含铅物相的组成[18]

| 名称 | 化学组成（质量分数）/% | | | | | | 外观颜色 |
|---|---|---|---|---|---|---|---|
| | 总 Pb | 金属 Pb | PbO | $PbO_2$ | $PbSO_4$ | Sb | |
| 板栅 | 92~95 | 92~95 | 微量 | — | 微量 | 3~6 | 灰 |
| 正极填料 | 76.28 | 0 | 8.59 | 44.75 | 31.82 | 0.54 | 红褐 |
| 负极填料 | 78.55 | 18.95 | 29.39 | 0 | 21.45 | 0.50 | 灰 |
| 混合填料 | 81.90 | 17.22 | 16.92 | 26.80 | 31.50 | — | 褐 |

## 5.2.2　废铅酸蓄电池拆解和预处理工艺

按材料种类，废铅酸蓄电池可分为四类：塑料外壳、铅合金栅极、硫酸电解液和铅膏。基于此特点，目前的回收方法都是先将废铅酸蓄电池破碎，然后分离，因此在回收过程中首先进行破碎分选。目前主流的破碎分选系统有两种：美国 M. A. 公司生产的破碎分选系统（简称 M. A. 技术）和意大利 Engitec 公司研发的破碎分选系统（简称 CX 技术），两种技术原理均是先通过机械破碎将废铅酸蓄电池破碎，然后通过分选技术实现四类材料的分离[19]。

我国在该方面研究起步晚，目前国内在生产实践中有三种做法：传统的人工破碎分选、引进国外先进破碎分选技术和自主研发破碎分选系统。河南豫光金铅股份有限公司[20]在引进 CX 集处理废旧蓄电池工艺的基础上，研制出一种更符合生产实际的工艺技术，实现了废旧铅蓄电池高效综合回收利用，其工艺流程如图 5-1 所示。

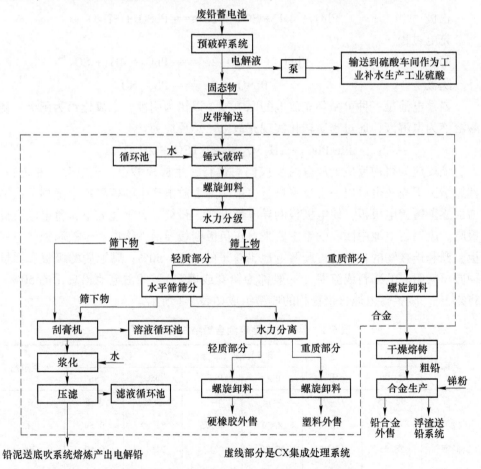

图 5-1　废旧铅蓄电池综合回收利用工艺流程图

由图 5-1 所示，废旧铅蓄电池经分类后，用多瓣抓斗行车抓到地仓，再由地仓抓到加料斗，通过振动加料机和胶带输送机，输送到 CX 集成处理系统的破碎机中破碎。行车抓运、振动给料以及胶带输送过程中，废电池中流出的废电解液经地沟集中到集液池，过滤后直接进入原生铅制酸系统代替工业补水，最终加工成工业硫酸销售。破碎机采用重锤式结构，带壳的废蓄电池被击碎至 20 mm 以下后排出，经过水平螺旋振动筛输送机送往水力分级箱。通过调整高压水泵的供水压力，部分颗粒细小的铅膏通过筛网孔进入步进式除膏机，密度大的重质部分（即金属铅栅）沉入分级箱底部，并由螺旋机取走。洗涤、合格的金属铅栅由胶带输送机送往铅合金车间熔炼。

铅合金采用转炉熔炼，以天然气为燃料，添加锑粉后生产铅锑合金出售。生产过程中产生的铅渣，可送往铅底吹炉系统进行处理。轻质部分（即氧化物和有机物）随水流往水平筛筛分：筛下物主要为氧化物，经步进式除膏机卸出、槽浆化、压滤机压滤后，滤饼送铅底吹炉系统熔炼，滤液送往循环池循环使用；筛上的有机物随水流入另一水力分级箱进行分级，密度较小的聚丙烯塑料和密度较大的橡胶分离，并分别由螺旋机卸出[20]。

该工艺自动化水平高，环保效果好，铅回收率可达 99.5%。

然而，我国废铅蓄电池预处理装备及技术与国外发达国家相比仍存在一定的差距，我国废铅蓄电池仍以人工分选为主，不仅效率低，而且不利于环境安全和人体健康。自主研发破碎分选系统是我国废铅酸蓄电池破碎分选技术发展的必要之选。

### 5.2.3 火法回收铅技术

经预处理后，废铅酸蓄电池的得到四种组分，由于前三种由于组分相对单一，通过现有技术均能很容易地实现回收利用。塑料外壳经过清洗干净后可再生塑料颗粒，铅合金栅极经过金属熔融和分离工序可实现栅极中各类金属的分离及回收，硫酸溶液通过除杂浓缩等工序可实现硫酸的再生。然而，铅膏由于组分复杂，性质各异，回收难度较高，成为废铅酸蓄电池回收的重点与难点。

铅膏主要成分是 $PbSO_4$，其中还含有一部分 $PbO$、$PbO_2$ 和少量杂质。由于高价铅经还原剂在高温条件下可被直接还原成金属铅，因此通过添加还原剂和熔剂高温熔炼铅膏。目前废铅膏的火法回收工艺主要有两类：预脱硫—还原熔炼—精炼以及再生铅和原生铅混合熔炼工艺[19]。

预脱硫—还原熔炼—精炼工艺包含三个步骤：脱硫、还原和精炼。脱硫是因为铅膏中主要成分硫酸铅在高温条件下能生成硫氧化物，腐蚀设备及污染环境，常用的脱硫剂有碳酸钠、碳酸铵和碳酸氢钠，经脱硫后的高价铅用还原剂还原可得到粗制金属铅，然后在精炼锅中用氢氧化钠、硝酸钠精炼剂进行精炼。主要反应如下：

$$PbSO_4 + Na_2CO_3 = PbCO_3 + Na_2SO_4$$

$$PbSO_4 + (NH_4)_2CO_3 = PbCO_3 + (NH_4)_2SO_4$$

$$PbSO_4 + NaHCO_3 = PbCO_3 + NaHSO_4$$

$$PbCO_3 + C = Pb + CO_2 \uparrow + CO \uparrow$$

再生铅和原生铅混合熔炼工艺：在原生铅的反应冶炼法中，先将铅精矿中一部分硫化铅氧化成氧化铅、二氧化铅或硫酸铅，然后它们再与未氧化的硫化铅反应得到粗铅。而铅膏可直接提供氧化铅、二氧化铅和硫酸铅，既省去了预氧化工序，又使自身含有的铅参与冶炼。铅膏与铅精矿反应原理如下：

$$PbS + 2PbO = 3Pb + SO_2 \uparrow$$

$$PbS + PbO_2 = Pb + SO_2 \uparrow$$

$$PbS + PbSO_4 = 2Pb + 2SO_2 \uparrow$$

两种火法回收技术中，预脱硫—还原熔炼—精炼工艺是铅膏的单独回收技术，随着原生铅资源的不断耗竭，占再生铅比例为80%的废铅膏将成为未来铅冶炼工业的主要原料，因此开发铅膏单独回收技术具有较强的发展前景。再生铅和原生铅混合熔炼技术是铅膏的混合回收技术，该法可以充分利用当前的原生铅冶炼设施，有利于加快解决目前大量铅酸蓄电池污染的问题，具有较强的现实意义。

我国早期的炼铅厂主要通过"烧结—鼓风炉"工艺冶炼铅，环境负担重，已逐渐被淘汰。新型、低污染冶炼工艺陆续被开发出来。1998年，北京有色设计总院成功研发出新型结构氧枪，并对氧气底吹工艺进行了大幅度改进。在安徽池州和河南豫光炼铅厂分别开展了年产量3万吨和6万吨的示范性产业化工程，取得了显著成效[21]。2002年以来，河南豫光金铅公司联合中国恩菲公司等，自主开发了铅膏和方铅矿联合冶炼的氧气底吹新工艺。利用铅膏 $PbSO_4$ 和铅矿石中 $PbS$ 之间的自热氧化作用，直接获得纯度为50%的高铅渣。剩下的 $PbO$ 通过第二道还原炉彻底还原成粗铅。该工艺大幅度缩短了炼铅工序，铅回收率可达97%，并副产硫酸，具有显著的节能减排效果[22]。国外熔炼的方法有回转炉熔炼、反射炉熔炼、旋转环形坩埚炉熔炼等。其中反射炉熔炼既可生产粗铅与铅合金，还可用来精炼。

然而，再生铅火法冶炼过程中产生的铅尘排放到大气中，主要以颗粒物的形式存在。根据2010年联合国环境规划署关于铅污染的研究报告[23]，铅颗粒物的平均直径为 $1.5\mu m$，而统计显示直径在 $10\mu m$ 以下的颗粒物占86%（质量分数）。高温燃烧过程中还会有直径小于 $1\mu m$ 的颗粒物产生。由于粒径小，铅尘很容易扩散和转移，降雨时又会随雨水进入土壤和水体中，从而造成大范围的铅污染。报告还指出，每回收1t铅会排放约40g铅到大气中。21世纪初，全世界每年的铅排放量为 11.9 万吨，部分国家的排放情况：加拿大 288.9t（2004 年），澳大利亚 1022t（2003～2004 年），美国 1126t，欧洲 10923t(2000 年)。我国火法冶炼厂附近空气中铅平均含量为 5.74 $\mu g/m^3$，是规定限制的 3.83 倍[24]。

火法回收技术具有流程短、投资低等优点，但所需熔炼温度较高，常产生大量铅尘、铅蒸汽和 $SO_2$，环保要求很高。要减轻环境污染，必须要逐步淘汰不能满足环境要求的土法冶炼工艺和小型再生铅企业，采取先进回收工艺，建立产业化规模化生产模式，并且严格执法，严惩非法炼铅企业。

### 5.2.4 湿法回收铅技术

由于火法回收具有高能耗、高污染、高排放的问题，废铅酸蓄电池的湿法冶金处理工艺成为人们研究的重点[10, 17, 25]，其中电解沉积法（简称电积法）应用较广，具有代表性的是 Prengmann 和 McDonald 发明的 RSR 工艺。该工艺用 $(NH_4)_2CO_3$ 为脱硫剂，通入 $SO_2$ 或亚硫酸盐作为还原剂来还原铅膏中的 $PbO_2$，生成的 $PbCO_3$ 与 PbO 沉淀用质量分数 20%的 $H_2SiF_4$ 或 $HBF_4$ 溶液浸出，制成含铅的电解液。电积工艺中，采用石墨或涂覆 $PbO_2$ 的钛板作为不溶阳极，铅或不锈钢板作为阴极。电解时在阴极上析出金属铅，在阳极上主要进行析出 $O_2$ 的电化学反应，部分 $Pb^{2+}$ 在阳极上电化学氧化生成 $PbO_2$。RSR 工艺的主要化学反应如下[26]。

（1）脱硫转化反应：

$$PbSO_4 + (NH_4)_2CO_3 = PbCO_3 + (NH_4)_2SO_4$$

（2）还原转化反应：

$$PbO_2 + Na_2SO_3 = PbO + Na_2SO_4$$

（3）溶解浸出反应：

$$PbO + H_2SiF_4 = PbSiF_4 + H_2O$$

（4）溶解浸出反应：

$$PbCO_3 + H_2SiF_4 = PbSiF_4 + CO_2 + H_2O$$

（5）电积法的阴极反应：

$$Pb^{2+} + 2e^- = Pb$$

（6）电积法的阳极反应：

$$H_2O = 2H^+ + 1/2O_2 + 2e^-$$

根据反应所用的典型试剂，RSR 工艺可以归纳为 "$(NH_4)_2CO_3$-$Na_2SO_3$-$H_2SiF_4$" 三段式湿法电积工艺。陈维平教授[27]研制了与 RSR 技术路线相似的铅膏湿法冶金工艺，该工艺用强碱 NaOH 溶液作为脱硫剂，$FeSO_4$ 作为还原剂，用 $KNaC_4H_4O_6$ 作为电解前溶解浸出试剂，可类似归纳为 "NaOH-$FeSO_4$-$KNaC_4H_4O_6$" 三段式湿法电积工艺。

铅蓄电池制造与回收过程中，会产生大量的含铅废水。含铅废水的处理方法主要分为：化学处理法、物理化学法和生物法等[17]。

（1）化学处理法主要通过化学沉淀或电化学反应除去铅离子，具有设备简单、操作方便等优点。化学沉淀法在含铅废水处理领域应用较为广泛，根据沉淀类型的不同，化学沉淀法可分为中和沉淀法、难溶盐沉淀法和铁氧体法。

1）中和沉淀法通过与铅离子发生中和反应形成氢氧化物沉淀而去除，工艺简单，适合处理酸性含铅废水。其缺点是沉渣量大、出水硬度高、易使土壤和水体碱化等。

2）难溶盐沉淀法包括硫化物沉淀法、碳酸盐沉淀法和磷酸盐沉淀法等，较常用的是硫化物沉淀法[28]。由于铅的硫化物溶解度比其氢氧化物溶解度低，因此，所需沉淀剂投入量较少。但硫化物本身有毒，处理过程中可能产生 $H_2S$ 气体。

3）铁氧体法[29]是通过铁盐与各种金属离子形成磁性复合铁氧体晶粒一起沉淀析出。该方法可同时处理含多种重金属离子的废水，化学性质较稳定，一般不会造成二次污染，但其在形成铁氧体过程中通常需要加热，能耗较高。

电解法则通过使铅离子在电解池阴极上还原为金属铅的方法，环保效果好，但只适用于处理高浓度含铅废水。$Pb^{2+}$ 浓度较低时，电解过程中氢气的析出将导致金属铅沉积速度慢、电流效率低、难于实现深度净化。针对上述问题，部分学者进行了三维电解的尝试，如 R. C. Widner 等[30]采用网状玻碳电极处理酸性含铅废水，在 -0.8V（vs. SCE）电位下，通过对阴极孔隙率和流速等工艺条件的控制，可使 $Pb^{2+}$ 浓度由 50mg/L 降至 0.1mg/L。张少峰等[31]以泡沫铜为三维电极材料，使用了脉冲电源处理含铅废水。优化试验条件下，铅离子浓度可降至 1mg/L 左右，电流效率可达 20%。

（2）物理化学法主要包括吸附法、离子交换法、膜分离法等。用此类方法处理含铅废水时，还需对富集后的铅作进一步处理，防止造成二次污染。

1）吸附法，利用吸附剂对铅离子进行吸附。传统的水处理吸附剂有活性炭、沸石、黏土矿物等，其中活性炭对重金属的吸附能力优异，但价格较高，再生能力差。目前，国内外研究人员通过对部分材料进行改性处理，有效提高了材料的处理效果，降低了处理费用[32]。

2）离子交换法，利用离子交换剂分离含铅废水中的有害元素，从而达到处理废水的效果，常用的离子交换树脂有阴、阳离子交换树脂、螯合树脂和腐殖酸树脂等[33]。离子交换法是较为理想的铅离子处理方法之一，但其成本较高。

3）膜分离法，利用具有选择性透过的薄膜，实现溶质和溶剂的分离和浓缩。目前，常用的膜分离技术有电渗析、反渗透、纳滤、超滤、微滤和液膜[34]等。膜技术处理重金属废水是今后发展的趋势。

（3）生物法利用生物体及其衍生物对金属离子的吸附作用，实现重金属离子的去除。生物吸附剂主要有菌类、淀粉、纤维及藻类等。生物法处理操作简单、经济，与传统吸附剂相比，其具有适应性广、选择性高、金属离子浓度影响小、对有机物耐受性好等优点，具有广阔的发展前景。

### 5.2.5 制备高质量红丹技术

目前，国内生产黄丹（$Pb_2O_3$）、红丹（$Pb_3O_4$）的主要原料是铅锭。王升东等[8]开发了废铅蓄电池再生铅与黄丹（或红丹）生产新工艺。其工艺流程如图5-2[5]所示。

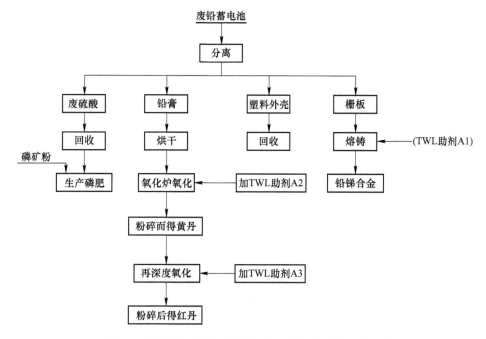

图 5-2 废铅蓄电池再生铅锑合金、黄丹或红丹工艺流程

铅膏主要含有 $PbSO_4$ 和 $PbO$，将其经过烘干、氧化、粉碎后得到黄丹（$Pb_2O_3$）。黄丹再经深度氧化（450~490℃）、粉碎等后续后得到红丹（$Pb_3O_4$）。过程的化学反应如下所示：

黄丹：
$$2PbSO_4 + \frac{1}{2}O_2 =\!=\!= Pb_2O_3 + 2SO_3 \uparrow$$

红丹：
$$2Pb_2O_3 + 2Pb + O_2 =\!=\!= 2Pb_3O_4$$

宋剑飞等[36]以废铅蓄电池为原料，采用湿法、火法联合冶炼技术制备黄丹和红丹。整体工艺主要包括铅的回收、黄丹冶炼和红丹冶炼三个部分，工艺流程如图5-3所示[37, 38]。

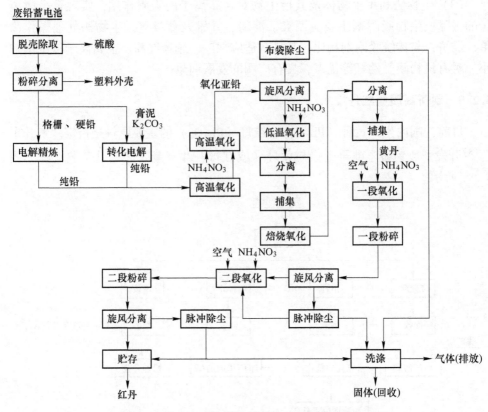

图 5-3　湿法、火法联合冶炼技术制备黄丹和红丹

　　首先，将废铅蓄电池脱壳除酸，然后用机械将其破碎、分离，得到格栅、硬铅和膏泥。格栅和大块硬铅被制成自溶性阳极，进行电解精炼。膏泥经 $NH_4HSO_3$还原、$K_2CO_3$ 脱硫转化、$H_2SiF_6$ 溶解、电解沉积等工序后得到纯铅 $[w(Pb) \geqslant 99.99\%]$。采用湿法处理技术回收铅，可循环进行，铅的回收率可达 91% ~ 94%，同时可避免火法冶炼引起的环境污染[17]。高纯海绵铅经加热熔融、水冷成条状、切割成小颗粒、铅粉经氧化、破碎等工序后得到粉状 PbO。将 PbO 与 $NH_4NO_3$ 等混合，并在氧化炉中进行氧化直至获得黄色的黄丹。接着，将黄丹粉与一定量的$NH_4NO_3$ 混合，在一段红丹氧化炉中与空气进行氧化反应（460 ~ 490℃），直至$Pb_3O_4$ 含量（质量分数）达到 75%。物料出炉、破碎后，在二段红丹氧化炉中继续进行氧化（480℃左右），直至 $Pb_3O_4$ 含量（质量分数）超过 98%[39]。

　　晁自胜等[40]开发了一种由废铅酸蓄电池铅泥制备高质量红丹的方法：首先将废铅酸蓄电池中的铅泥取出，反复洗涤至中性后烘干。将铅泥粉末与分散剂、脱硫剂、水按比例混合，25 ~ 90℃下充分搅拌脱硫。接着，将含铅固体物料洗涤至中性后装入电炉中，400 ~ 500℃下焙烧 2 ~ 12h，即可得到红丹。

### 5.2.6 制备高质量二氧化铅

二氧化铅又称过氧化铅、铅酸酐，棕褐色粉末，不溶于水和乙醇，溶于盐酸。二氧化铅具有导电性高、耐腐性能好、催化性好、价格低廉等优点，被广泛应用于染料、合成橡胶、阳极材料等生产领域。近年来，以废铅蓄电池为原料制备高质量二氧化铅成为研究热点。

晁自胜等[41]开发了一种由废铅酸蓄电池铅泥制备高质量二氧化铅的方法。首先，将铅泥反复洗涤至中性，烘干、研碎后得到铅泥。将铅泥粉末与分散剂、脱硫剂、水混合，一定温度下充分搅拌。接着，将脱硫后的含铅物料充分洗涤至中性并烘干。向脱硫后的含铅物料中加入可溶性无机氧化剂，一定温度下进行搅拌、氧化。最后，将氧化后的固体产物充分洗涤、烘干，得到二氧化铅产品。该方法具有成本低、设备简单、铅回收率高等优点。

### 5.2.7 制备三盐基硫酸铅

三盐基硫酸铅（$3PbO \cdot PbSO_4 \cdot H_2O$），白色或稍带微红、微黄的粉末，相对密度为 7.10，不溶于 $H_2O$ 和 $CH_3CH_2OH$，溶于酸和热的乙酸铵溶液。三盐基硫酸铅是重要的化工原料，对聚氯乙烯有稳定作用。同时，其具有优良的耐热性和电绝缘性，主要用于不透明聚氯乙烯硬质管（板）、注射成型制品、橡胶与人造革制品等的热稳定剂和着色剂、聚氯乙烯电绝缘材料等。含铅废渣制备三盐基硫酸铅的工艺流程如图 5-4 所示。

$$废渣 \xrightarrow{转化剂} 沉淀 \xrightarrow{H_2SO_4} 分离 \xrightarrow{NaOH} 过滤 \longrightarrow 烘干粉碎 \longrightarrow 产品$$

图 5-4 含铅废渣制备三盐基硫酸铅工艺流程图

根据转化剂以及催化剂的不同，三盐基硫酸铅的制备方法可分为：硝酸铅法、氢氧化钠法、氯化法、碳酸铵法和氧化铅法。

（1）硝酸铅法利用硝酸为溶剂，溶解含铅废渣[42]生成硝酸铅。向滤液中加入 $H_2SO_4$，反应得到硫酸铅。生成的硫酸铅经 NaOH 转化，生成三盐基硫酸铅。反应物经离心过滤、干燥、粉碎等工序，最终获得三盐基硫酸铅成品。该化学反应过程可表示为：

$$PbO + 2HNO_3 = Pb(NO_3)_2 + H_2O$$
$$Pb(NO_3)_2 + H_2SO_4 = PbSO_4 + 2HNO_3$$
$$4PbSO_4 + 6NaOH = 3PbO \cdot PbSO_4 \cdot H_2O + 3Na_2SO_4 + 2H_2O$$

该工艺适合于处理以氧化铅、硫化铅、硫酸铅为主的多金属硫精矿，不仅可以充分利用资源，实现产品增值，而且环境污染少。

（2）NaOH 法是将 NaOH 与废渣按一定配比投入反应釜中充分反应，滤渣洗涤后加入稀硝酸与稀硫酸制得硫酸铅。然后，在硫酸铅中加入一定量的 NaOH，使之生成三盐基硫酸铅。该工艺的反应过程可表示为：

$$PbSO_4 + 2NaOH \rightleftharpoons Pb(OH)_2 + Na_2SO_4$$

$$Pb(OH)_2 \rightleftharpoons PbO + H_2O$$

$$PbO + 2HNO_3 \rightleftharpoons Pb(NO_3)_2 + H_2O$$

$$Pb(NO_3)_2 + H_2SO_4 \rightleftharpoons PbSO_4 + 2HNO_3$$

$$4PbSO_4 + 6NaOH \rightleftharpoons 3PbO \cdot PbSO_4 \cdot H_2O + 3Na_2SO_4 + 2H_2O$$

（3）碳酸铵法[43,44]是应用最广泛的三盐基硫酸铅制备方法之一。其原理是利用碳酸铵与废渣中硫酸铅反应生成 $PbCO_3$，母液浓缩后回收硫酸铵。接着，使用硅氟酸或硝酸溶解转化渣，生成 $PbSiF_6$ 或 $Pb(NO_3)_2$。最后，加入 $H_2SO_4$ 沉铅得到 $PbSO_4$，硫酸铅再经 NaOH 转化成三盐基硫酸铅。

张盼月等[45]公布了一种利用废铅蓄电池中铅泥制备盐基硫酸铅的方法，首先将废铅泥与碳酸钠反应得到碳酸铅。接着，使用硝酸溶解碳酸铅得硝酸铅溶液，硝酸铅溶液再与硫酸反应得到硫酸铅沉淀。最后，硫酸铅与烧碱反应合成三盐基硫酸铅。此工艺为铅资源的循环利用开辟了新的途径。

### 5.2.8　其他回收再利用技术

朱新锋等[46]以废旧铅蓄电池为原料、柠檬酸为浸出剂，采用柠檬酸法制备出电池用超细 PbO 粉体。实验结果表明：铅膏中 $PbO_2$、PbO 和 $PbSO_4$ 均能生成柠檬酸铅，铅回收率均在 98% 以上；PbO 和 $PbO_2$ 生成的前驱体与标准柠檬酸铅的晶型基本相同，平均粒径 20~30μm。由 $PbSO_4$ 得到的前驱体呈鳞片状结构，平均粒径 1~10μm；低温焙烧后，三种前驱体均能获得平均粒径 200~500nm 的 PbO/Pb 粉体。该方法为废旧铅酸电池的回收提供了新的思路。

## 5.3　废弃 CRT 回收再利用技术

显示器是电视机、计算机、示波器等电子电器设备的核心部件[47,48]，早期的显示器大部分使用阴极射线管（Cathode Ray Tube），即 CRT 显示器。我国作为电子产品的生产和消费大国，按照平均使用寿命推算[49]，已进入 CRT 报废高峰期，2013 年全国报废电视机与报废台式电脑中 CRT 量达到 5100 万台[50]，报废量巨大。CRT 显示器的前屏、阴极射线管和锥管等部件中含有铅、钡和锶等多种有毒有害物质。CRT 不能进行简单的填埋或焚烧处理，否则会造成对空气、土壤、水的严重污染，当 CRT 遇到酸性环境时会游离出氧化铅[16,51-53]。同时，从资源循环的角度来看，废弃 CRT 玻璃又是可再生利用资源，废 CRT 的回收再利用对保护环境和实现经济与资源的可持续发展意义重大，当前电子废弃物资源化研究的热点和前沿。本节总结了国内外 CRT 资源化方法，主要可分为有害物质浸出法[54]、循环利用法、冶炼法、填埋法、建材化法等[55]。

### 5.3.1  废 CRT 含铅玻璃的结构及成分

铅玻璃是指除二氧化硅、三氧化二硼等玻璃形成体外，含有大量铅的玻璃。铅玻璃的组成式为：$R_mO_n\text{-}PbO\text{-}SiO_2$（$B_2O_3$）[56]。CRT 玻璃可分为黑白 CRT 玻璃和彩色 CRT 玻璃两大类：黑白 CRT 玻璃中屏玻璃、锥玻璃、颈玻璃采用火焰熔封的方式连接在一起[14, 57]；彩色 CRT 玻璃是借助低熔点封接玻璃将屏玻璃和锥玻璃连接在一起，管锥和管颈采用火焰熔封，如图 5-5 所示。

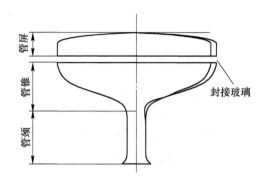

图 5-5  彩色 CRT 玻璃结构示意图

CRT 玻璃又分为屏玻璃、锥玻璃和玻璃管颈三部分，各部分的组成存在差异。表 5-2 为彩色 CRT 玻璃典型部件的化学组成，除屏玻璃外，其余玻璃部件均含有较多的氧化铅[58]。

表 5-2  彩色 CRT 玻璃各部件的典型化学组成　　　　　　　　　　（$w/\%$）

| 化学成分 | $SiO_2$ | $Al_2O_3$ | ZnO | $B_2O_3$ | BaO | PbO | CaO | MgO | $Na_2O$ | $K_2O$ | SrO | $ZrO_2$ | $TiO_2$ | $Sb_2O_3$ |
|---|---|---|---|---|---|---|---|---|---|---|---|---|---|---|
| 管屏玻璃 | 60.8 | 2.0 | | | 5.7 | | 1.8 | 0.4 | 8.1 | 7.1 | 9.8 | 2.5 | 0.5 | 0.4 |
| 管锥玻璃 | 50.6 | 4.9 | | | | 22.3 | 3.8 | 2.5 | 5.7 | 8.8 | 2.0 | | | 0.4 |
| 管颈玻璃 | 47.8 | 3.5 | | | | 32.5 | 1.5 | | 2.7 | 9.6 | | | | 0.5 |
| 封接玻璃 | 2.0 | | 8.0 | 16.0 | 3.0 | 71.0 | | | | | | | | |

对于其他含铅玻璃，其主要成分相同，只是其他成分含量有所不同。表 5-3列出了含铅玻璃的用途以及铅含量[56]。

表 5-3 铅玻璃的用途以及铅含量

| 序号 | 铅玻璃用途 | 铅含量 $w(PbO)/\%$ | 其他主要成分含量<br>（质量分数）/% |
|---|---|---|---|
| 1 | CRT 管锥 | 22~23 | SiO$_2$，52~55 |
| 2 | CRT 管颈 | 33~35 | SiO$_2$，47~48 |
| 3 | CRT 封接用 | 75~78 | ZnO$_2$，11；B$_2$O$_3$，9 |
| 4 | PDP 障壁 | 55~65 | |
| 5 | PDP 封接用 | 75~78 | |
| 6 | 白炽灯、荧光灯芯柱，<br>电球形荧光灯 | 25~30 | SiO$_2$，50~63 |
| 7 | 釉料 | 15~22 | SiO$_2$，40 |
| 8 | 厚膜集成电路 | 62.4 | SiO$_2$，14；B$_2$O$_3$，11 |
| 9 | 厚膜涂层 | 58 | SiO$_2$，18；B$_2$O$_3$，12 |
| 10 | 晶质玻璃 | 24 | SiO$_2$，55；B$_2$O$_3$，15 |

彩色 CRT 玻璃各部位的材料组成存在差别，主要体现在含铅量的差异上。屏玻璃中不含铅或含铅量很低，而锥玻璃中含铅量极高，主要是由于电子枪所产生的高能电子能将铅玻璃中的氧化铅还原成金属铅并在表面析出，从而使显示屏变暗，所以彩色显示器的屏玻璃用钡锶玻璃代替铅玻璃，以保证在防辐射的同时获得较好的显示效果。

根据玻璃的无规则网络学说，PbO 在铅玻璃中作为玻璃网络中间体形式存在，既可以形成玻璃，又可改变网络结构。铅的溶出必须破坏废铅玻璃的网络结构。铅玻璃的结构如图 5-6 所示。

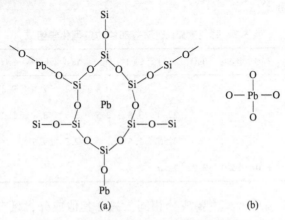

图 5-6 铅在铅玻璃中的存在形式示意图

铅在玻璃中一般情况下有两种配位数：一种为 2 配位，O-Pb-O 分解能为

607kJ，Pb—O 单键能为 303.5kJ；另一种为 4 配位，如图 5-6（b）所示，分解能为 607kJ，Pb—O 单键能为 151.7kJ。通常认为，键强越强的氧化物熔融后负离子团也越牢固，键的破坏和重新组合也越困难，形成核位垒也越高[59]。因此，铅玻璃中铅是否析出取决于铅氧键的键能破坏情况。通常，含铅玻璃在常温下不易氧化、耐腐蚀。

目前废弃 CRT 玻璃的回收再利用研究主要集中在 CRT 玻壳再生产、固化填埋、制备玻璃制品和建筑材料等方面，但由于 CRT 显示器市场的持续萎缩，循环利用方式来处理废弃 CRT 显示器含铅玻璃的可能性和可行性急剧降低，为了摆脱 CRT 显示器含铅玻璃中重金属铅等有害物质，不得不考虑 CRT 铅玻璃其他利用方式。

## 5.3.2 制备泡沫玻璃技术

泡沫玻璃是以烧结法制备的一种气孔率在 90% 以上且以封闭气泡为主的隔热多孔玻璃材料。它具有容重小、强度高、耐高低温、吸音和防腐蚀等性能，广泛应用于建筑、管道和石油化工等行业[60-62]。国内外一些学者开展了废弃 CRT 玻璃制备泡沫玻璃的研究。连汇汇等[63]以废弃 CRT 屏玻璃为原料，炭黑为起泡剂，采用粉末烧结法制备了低密度保温泡沫玻璃。首先，将 CRT 屏玻璃破碎成 2~5cm 碎块，清洗、研磨、烘干后得到原料玻璃粉。接着，将玻璃粉（95.8%~96.1%）、炭黑（0.10%~0.35%）、硼砂（1%~3%）、二氧化钛（1%~2%）、三氧化二锑（1%~2%）球磨混合。混合好的原料经成形、热处理后得到泡沫玻璃。优化工艺下，泡沫玻璃样品的密度为 0.180g/cm³，导热系数为 0.0695W/(m·K)。

戚昊等[47]以废旧阴极射线管（CRT 屏）为主要原料，混合碳粉作为发泡剂，硼砂为助熔剂、稳泡剂，利用烧结法制备出板状泡沫玻璃。研究结果表明，优化的发泡温度为 850℃、碳粉最佳用量范围为 0.3%~0.5%、优化的发泡时间为 30min。优化工艺下制备的板状泡沫玻璃密度为 0.292g/cm³。

然而，制成的泡沫材料中铅在环境中的浸出风险未知，其应用受到了一定程度的限制。

## 5.3.3 制备复合玻璃陶瓷

除了利用废 CRT 制备泡沫玻璃外，郭艳平等[64]以铅锌尾矿和废弃 CRT 玻璃为原料，采用烧结法制备出微晶玻璃。优化的成分配方为：尾矿 20%、CRT 玻璃 30%、石英砂 29.7%、方解石 25%、$Al_2O_3$ 12%、晶核剂 $TiO_2$ 1%。优化工艺下，微晶玻璃样品主晶相为透辉石、平均显微硬度 8.76GPa，平均抗折强度为 223.1MPa，耐酸碱腐蚀性良好。此外，研究者也开展了以 CRT 玻璃为原料制备高钡硅酸盐玻璃、钡—锶型硅酸盐玻璃、混合型玻璃、玻璃釉等技术的研究[65,66]。F. Andreola 等[66]以废 CRT 屏玻璃和锥玻璃为原料，在 1500℃熔化和结晶化处理后，制备了在半晶态相内含有晶态相的玻璃陶瓷。他们还以屏玻璃代替钠长石作助熔剂[67]，用于瓷坯的配料，当用量小于 5%时，改善了瓷坯烧结致密化过程，提高了机械性能。E. Bernardo 等[68]以废 CRT 屏玻璃、石灰及长石矿渣为原料，采用烧结法制备出了抗弯强度超过 100MPa 的玻璃陶瓷；M. Dondi 等[69]将废弃屏玻璃或锥玻璃添加到黏土坯中制作砖和屋顶瓦，废弃屏玻璃添加量可达 2%~4%。

朱建新等[70]将高温自蔓延反应原理应用于废 CRT 铅玻璃的处理中。该技术采用镁和氧化铁作为热剂，利用高温自蔓延反应将废 CRT 铅玻璃合成复合玻璃陶瓷，经背散射电镜图片可知，CRT 铅玻璃中的铅等重金属仍然以非晶态形式弥散存在于玻璃陶瓷复合相中，其重金属的浸出量远低于美国环保署和我国环保部相关法规要求，实现了废 CRT 铅玻璃中重金属的固化和稳定化。

### 5.3.4　真空碳热还原技术

CRT 铅玻璃中含有 20%~30%的氧化铅，上述各项研究虽然都实现了废 CRT 玻璃的资源化利用，但是对于环境来说，仅仅是将铅等重金属元素从一种产品中转移至另一产品中，依然具有潜在危害性，甚至可能变得更加严重。因此，废 CRT 中铅的分离回收就成为 CRT 处理处置过程中的首要问题。

目前，大多数废 CRT 玻璃综合利用的研究主要集中于陶瓷、建材等方面，较少关注产品中铅的分离。陈梦君等[71,72]采用真空碳热还原法回收了 CRT 锥玻璃中的铅及钾、钠。首先，将废弃彩色 CRT 锥玻璃破碎至 1~3cm。接着，将锥玻璃粉、碳粉按比例混合，并在真空中热处理。最终结果显示，铅、钾和钠的回收率随温度的升高、压力的降低、碳加入量的增加及保持时间的延长而增大；当温度为 1000℃、系统压力为 10Pa 时，加入 10%的碳粉并保持 4h，铅回收率接近100%，钠和钾的回收率分别为 65.04%和 50.55%。但在工程实践中，真空还原条件的实现较困难，且经济可行性存在一定问题，或仍不能解决废弃 CRT 含铅玻璃的固废问题。

### 5.3.5　金属冶炼助熔剂

金属冶炼是在高温条件下把金属从矿石或废料等杂质中分离出来，常用的助熔材料主要是石英，而废 CRT 玻璃与冶金助熔剂在化学成分上具有一定的相似性。因此提出了使用废弃 CRT 玻璃作为铅、铜、锌等有色金属冶炼助熔剂的可行性[73,74]。

（1）铜冶炼。瑞典 Sina Mostaghel 等研究了废弃 CRT 电子玻璃（屏玻璃与锥玻璃混合物, $w(Pb) = 6.5\%$) 对硅铁渣 ($w(Fe) = 34.0\%$、$w(Si) = 16.8\%$、$w(Ca) = 4.3\%$、$w(Al) = 2.1\%$) 结构的影响。研究结果表明,当废弃 CRT 电子玻璃加入量达 10% 时,玻璃重熔后没有改变贫化炉渣的主要结构,其仍为铁橄榄石型结构。然而,铜冶炼过程中不能加入过多的含铅玻璃,主要原因是:1)铜造锍熔炼时,过量的含铅玻璃可能造成铅冰铜的生成,引起熔体分层,进而影响冰铜的熔炼;2)冰铜吹炼时,过量的含铅玻璃将引起底铅的生成,腐蚀设备;3)铅玻璃中硅含量较低(仅为石英石的 50%~60%),大量地加入将产生更多的炉渣,造成生产成本的提高;4)铅玻璃原料成分的波动将会对冶炼工艺造成影响。

(2)铅冶炼。铅闪速熔炼过程中产生的大量富余热量,可供废弃 CRT 电子玻璃处理,如铅富氧闪速熔炼法[75]熔炼温度可达 1450℃,用于处理废弃 CRT 电子玻璃具有优势。复杂铅氧化物 ($PbO \cdot SiO_2$) 还原反应的热力学研究表明[30]:没有碱性氧化物 FeO、CaO 情况下,铅氧化物被还原的难易顺序为 $PbO>2PbO \cdot SiO_2>PbO \cdot SiO_2$,其中 PbO 最容易被还原;当有 CaO 存在时,最容易被还原的是 $PbO \cdot SiO_2$,其次是 $2PbO \cdot SiO_2$ 和 PbO;当有 FeO 存在时,最容易被还原的是 $PbO \cdot SiO_2$,其次是 PbO 和 $2PbO \cdot SiO_2$,这是由于碱性氧化物对硅酸铅中的氧化铅的转换反应。锥玻璃的结构分析显示[76],Pb 主要以二价存在,与 Si 形成非常接近于 $PbSiO_3$ 的物质。

在北美等工业发达地区,已有部分冶炼厂能够处理废弃 CRT 电子玻璃,并回收铅,如美国道朗公司(Doe Run Company)、加拿大诺兰达公司(Noranda Inc)等,均建有废弃 CRT 电子玻璃处理工厂[31]。

### 5.3.6 其他回收再利用技术

(1)废 CRT 玻璃用于照明系统。根据含铅、钡玻璃高折射率、高色散的特点,将废 CRT 玻璃脱漆、破碎,根据照明体系的要求,将其熔制成各种部件,如荧光灯管等。在 LED 没有替代荧光灯之前,该技术具有较为广阔的应用市场。

(2)熔化后重新生产。将废 CRT 玻璃以碎玻璃的形式添加到配料中重新熔化得到新的产品,本方法已经被明令禁止。

(3)制作工艺品。充分利用 CRT 含铅、含钡玻璃的高折射、高色散的特点,通过重新熔化制作工艺品。

(4)制作防护玻璃。在众多体系的重金属玻璃中,$SiO_2$-CdO-PbO 系统具有吸收 γ 射线的功能。此类氧化铅玻璃主要成分为 $SiO_2$,掺杂 PbO,一般质量分数为 20% 左右,部分含有 $B_2O_3$,透光率一般为 98% 以上,在放射医学上,经常用于射线防护和屏蔽[55]。

(5)制备辐射防护材料。制造核电厂反应堆废料的封装材料、实验室防辐射容器或辐射屏蔽装置等[77]。

表 5-4 为废 CRT 铅玻璃回收再利用技术及其相应的效果，通过对废 CRT 铅玻璃处理技术的效果进行对比可以看出：整体上看目前可实现的工艺技术或多或少均存在着一定的不足。大部分再利用仅仅是将铅在产品中进行了转移，虽然真空碳热还原能将铅回收，但是在技术和经济可行性上仍然有一些问题需要解决。一项工艺技术能否在工业中得以实际应用，往往取决于其各方面处理效果的综合水平，因此，亟待研发的技术需同时满足根除铅污染、对铅等金属和其他玻璃组分能有效利用、经济可行性三点要求，才能彻底解决废 CRT 铅玻璃处理的严峻问题。

**表 5-4 废 CRT 铅玻璃回收再利用技术及其效果**

| 再利用技术 | 是否根除铅污染 | 是否有效利用铅 | 是否利用其他组分 | 是否经济可行 | 难易程度 |
|---|---|---|---|---|---|
| 泡沫玻璃 | 否 | 否 | 是 | 是 | 易 |
| 复合玻璃陶瓷 | 否 | 否 | 是 | 否 | 易 |
| 真空碳热还原 | 是 | 是 | 否 | 否 | 难 |
| 冶炼助熔剂 | 否 | 否 | 是 | 是 | 易 |
| 填埋 | 否 | 否 | 否 | 是 | 易 |

# 5.4 其他含铅废料回收再利用技术

除废铅酸蓄电池、废 CRT 外，常见的含铅废料还包括铅锡焊料、电缆包皮、废铅膏、立德粉浸出渣、铅阳极泥、铜转炉烟灰矿渣、钢厂电弧炉烟灰、选矿尾矿、锌厂废渣、酸浸渣和炼铋废渣等[78]。

## 5.4.1 含铅尘泥回收技术

含铅尘泥是在金属熔炼、吹炼过程中产生的一种粉末状副产物，含有铅、锌、砷、铋等易挥发的有害成分，对其进行回收利用可取得经济、环保的双重效益。李琼娥[44]开发了一种由炼铜工业烟尘提取三盐基硫酸铅的技术，利用炼铜烟尘经稀硫酸浸出后的铅铋渣作原料，生产出高质量的三盐基硫酸铅。姚根寿[43]以炼铜烟灰铅渣为原料，采用"碳酸铵转化—硅氟酸浸出—硫酸沉铅—氢氧化钠合成"工艺，生产出高质量的三盐基硫酸铅。该研究中铅渣的化学成分见表 5-5。

该研究采用的工艺流程如图 5-7 所示，将铅渣中铜、金、银得到富集，为有价金属的进一步回收创造了条件。

表 5-5 铅渣化学成分[43]

| 元素 | Pb/% | Cu/% | Ag/g·t⁻¹ | Au/g·t⁻¹ |
|---|---|---|---|---|
| 质量分数 | 24.9~44.0 | 4.90~7.53 | 185.0~237.1 | 5.01~5.33 |

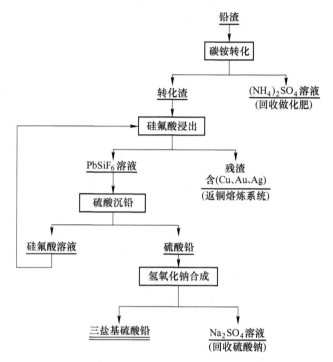

图 5-7 炼铜烟灰铅渣制备三盐基硫酸铅工艺流程

### 5.4.2 废铅膏回收技术

废铅膏的成分主要包括 PbO、PbSO₄、PbO₂、BaSO₄ 等，还有少量炭黑、游离铅、玻璃纤维等微杂质。目前，废弃铅膏的处理方法主要包括火法回收、湿法回收[34,79]、固相电解还原、直接找出合适的添加比例制作铅膏[80]、使用废弃铅膏合成 4BS（四碱式硫酸铅）[81,82]、废弃铅膏制取超细 PbO 粉体工艺[15]、柠檬酸盐—焙烧法[79]、化工产品合成法等。

## 5.5 我国再生铅回收现状

（1）我国铅需求量。根据美国地质调查局的统计，截至 2013 年底，全球铅储量为 8900 万吨，我国的铅储量约为 1400 万吨（占全球总储量的 15.7%）。然而，我国铅矿的平均品位较低，2012 年全国铅矿平均品位约 2.88%，开采难度较大。随着工业化程度和生活水平的提高，铅酸蓄电池等含铅产品的需求量激增[83]，2015 年我国铅消费量达到 495 万吨左右。国内原生铅资源已无法支撑如此高的需求量，近 5 年，我国进口的铅精矿一直维持在 140 万吨以上。

（2）我国再生铅产量。我国的再生铅生产起步较晚，直到 1978 年后才形成独立的专业化再生铅企业。2004～2012 年，我国再生铅产量如图 5-8 所示[84]。

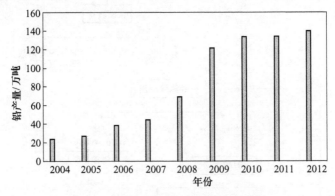

图 5-8　2004～2012 年我国再生铅产量

2001 年，我国再生铅产能只有 24 万吨左右，截止到 2013 年底达到 300 万吨以上（不含非法小冶炼产能），年均增幅超 24%。我国 80% 以上再生铅的产能集中分布在东部和中部地区，部分地区已形成了再生铅的集散和生产区域。

（3）再生铅产业问题。近年来，我国再生铅工业取得了显著进展，已初步形成独立产业。但从总体水平看，其生产能力和技术水平与发达国家相比仍存在较大差距，突出存在以下问题[85-88]：

1）企业数量多、规模小。我国目前已有 300 多家再生铅生产企业，仅有 3 家年产量达到万吨以上。国外再生铅企业的最低规模为 2 万吨/年以上，有的甚至达到 100 万吨/年。

2）技术装备落后。我国原生铅（矿产铅）工业近年来获得飞速发展，各种新型炼铅法得到了广泛推广和应用，如富氧底吹熔炼、艾萨熔炼、卡尔多熔炼工艺等。然而，再生铅的发展受到市场和回收渠道等因素限制，绝大部分企业的技术装备落后，普遍存在环境污染和资源浪费问题。

3）铅金属回收率低。由于技术装备落后，含铅废料中铅金属的回收率低，合金成分没有得到合理利用，综合利用率低。

4）无序竞争。缺乏全国性、地区性回收网络，回收工作处于分散经营状态。

5）硫污染严重。大部分再生铅冶炼厂家采用传统的反射炉工艺，少数采用水套炉、鼓风炉和冲天炉熔炼工艺。工艺设备水平落后，铅膏中的硫随烟气排入大气中造成严重污染。

# 参 考 文 献

［1］ 周正华. 从废旧蓄电池中无污染火法冶炼再生铅及合金［J］. 上海有色金属，2002
    （04）：157-163.

［2］ Sancilio C. COBAT：collection and recycling spent lead/acid batteries in Italy［J］. Journal of
    Power Sources, 1995, 57（1-2）：75-80.

［3］ 杨家宽，朱新锋，刘万超，等. 废铅酸电池铅膏回收技术的研究进展［J］. 现代化工，
    2009（03）：32-37.

［4］ 郭翠香，赵由才. 从废铅蓄电池中湿法回收铅的技术进展［J］. 东莞理工学院学报，2006
    （01）：81-86.

［5］ 张羽. 铅锌尾矿资源化利用研究进展［J］. 环境工程，2014（S1）：734-736.

［6］ 中华人民共和国工业和信息化部，中华人民共和国环境保护部. 再生铅行业准入条件
    ［Z］. 2012 年 8 月 27 日.

［7］ 尚辉良. 2013 年中国再生铅产业经济运行分析［J］. 中国资源综合利用，2014（03）：
    12-14.

［8］ 王升东，王道藩，唐忠诚，等. 废铅蓄电池回收铅与开发黄丹、红丹以及净化铅蒸汽新
    工艺研究［J］. 再生资源研究，2004（02）：24-28.

［9］ 李富元. 中国废杂铅回收利用现状［J］. 有色金属再生与利用，2002（01）：27-32.

［10］ 郭翠香，赵由才. 从废铅蓄电池中湿法回收铅的技术进展［J］. 东莞理工学院学报，
    2006（01）：81-86.

［11］ 王子哲，裴启涛. 废铅酸蓄电池回收利用技术应用进展［J］. 资源再生，2008（05）：
    56-57.

［12］ 潘军青，边亚茹. 铅酸蓄电池回收铅技术的发展现状［J］. 北京化工大学学报（自然科
    学版），2014（03）：1-14.

［13］ 王喆，刘少卿，陈晓民，等. 废旧阴极射线管（CRT）显示器玻壳进入土壤后铅的释放
    及转化［J］. 环境科学，2009（06）：1855-1859.

［14］ 张正洁. 利用废铅膏制取超细 PbO 粉体工艺［J］. 蓄电池，2012（05）：195-197.

［15］ 田西，吴玉锋，左铁镛. 我国再生铅产业发展态势与存在的问题［N］. 中国有色金属报.

［16］ 徐慧忠. 固体废弃物资源化技术［M］. 北京：化学工业出版社，2004.

［17］ 陈维平. 从废铅蓄电池中湿法回收铅技术的述评［J］. 中国物资再生，1994（09）：6-8.

［18］ 郭翠香，赵由才. 我国含铅废物现状及铅回收技术研究进展［J］. 有色冶金设计与研究，
    2007（Z1）：46-49.

［19］ 王学健，沈海泉. 废铅酸蓄电池回收技术现状及发展趋势［J］. 资源再生，2016（2）：
    66-69.

［20］ 陈梁，李新战. 废旧铅蓄电池综合回收利用工艺［J］. 中国有色冶金，2012（01）：
    46-48.

［21］ 蒋继穆. 国内外铅冶炼技术现状及发展趋势［J］. 有色冶金节能，2013，3：4-8.

[22] 陈梁，李新战. 废旧铅蓄电池综合回收利用工艺 [J]. 中国有色冶金，2012，1：46-48.

[23] UNEP. Final review of scientific information on lead [C]. United Nations Environment Programme Chemicals Branch, DTIE, 2010.

[24] Tian X., Gong Y., Wu Y., et al. Management of used lead acid battery in China: Secondary lead industry progress, policies and problems [J]. Resources, Conservation and Recycling, 2014, 93: 75-84.

[25] 侯慧芬. 从废铅酸蓄电池中回收有价金属 [J]. 上海有色金属，2001 (04)：181-186.

[26] Prengaman R D. Lead product development in the next millennium [M]. Hoboken, New Jersey: John Wiley & Sons, 2000.

[27] 陈维平. 一种湿法回收废铅蓄电池填料的新技术 [J]. 湖南大学学报（自然科学版），1996 (06)：112-117.

[28] 沈黎，孙勇，熊大民. 含铅废水处理技术研究进展 [J]. 南方金属，2010 (01)：9-12.

[29] 金焰，李敦顺，曹阳. 铁氧体沉淀法处理模拟含铅废水 [J]. 化学与生物工程，2006 (07)：45-47.

[30] R. C. Widner, M. F. B. Sousa, et al. Electrolytic removal of lead using a flow-through cell with a reticulated vitreous carbon cathode [J]. J. Appl. Eletrochem., 1998 (28): 201-207.

[31] 张少峰，胡熙恩. 泡沫铜电极脉冲电解法处理含铅废水 [J]. 环境科学与管理，2011，36 (12)：98-102.

[32] 张军力，秦雷，秦春阳. 铅蓄电池回收工艺及含铅废水处理技术的研究进展 [J]. 现代矿业，2013 (07)：186-189.

[33] 栗帅，查会平，范忠雷. 含铅废水处理技术研究现状及展望 [J]. 化工进展，2011 (S1)：336-339.

[34] Bartels C R, Wilf M, Andes K, et al. Design considerations for wastewater treatment by reverse osmosis [J]. Water science and technology, 2005, 51 (6-7): 473-482.

[35] 宋剑飞，李丹，陈昭宜. 废铅蓄电池的处理及资源化——黄丹红丹生产新工艺 [J]. 环境工程，2003 (05)：48-50.

[36] 宋剑飞，李立清，李丹，等. 用废铅蓄电池制备黄丹和红丹 [J]. 化工环保，2004 (01)：52-55.

[37] 苏永庆，刘频. 废旧铅蓄电池中铅的湿法回收 [J]. 云南化工，1997 (02)：57-58.

[38] 魏先勋. 环境工程设计手册 [M]. 长沙：湖南科学技术出版社，2002.

[39] 胡克勇. 红丹连续氧化新工艺和铅尘治理 [J]. 化学工程，2000 (02)：59-61.

[40] 晁自胜，刘奇，张弦，等. 一种由废铅酸蓄电池的铅泥制备高质量红丹的方法 [P]. 中国专利：200610136891. 9, 2006-12-18.

[41] 晁自胜，刘奇，刘少友，等. 一种由废铅酸蓄电池中的铅泥制备高质量二氧化铅的方法 [P]. 中国专利：200710035053, 2007-06-04.

[42] 李争流. 提高三盐基硫酸铅产品质量的方法 [J]. 湖南化工，1996 (02)：38-40.

[43] 姚根寿. 从烟灰铅渣中提取三盐基硫酸铅的实践 [J]. 安徽冶金，2002 (03)：45-46.

[44] 李琼娥. 从炼铜烟尘中提取三盐基硫酸铅的生产实践 [J]. 有色冶炼，1991 (04)：

37-40.

[45] 张盼月，曾光明，蒋剑虹，等. 利用废铅蓄电池中铅泥制备三盐基硫酸铅的方法 [P]. 中国专利：200610031386. 8，2006-03-22.

[46] 朱新锋，刘万超，杨海玉，等. 以废铅酸电池铅膏制备超细氧化铅粉末 [J]. 中国有色金属学报，2010 (01)：132-136.

[47] 戚昊，何峰，张雨笛，等. 利用 CRT 屏玻璃制备板状泡沫玻璃 [J]. 环境工程学报，2013 (06)：2327-2332.

[48] 国家统计局. 2013 年中国统计年鉴 [M]. 北京：统计年鉴出版社，2013.

[49] 何捷娴，樊宏，尹荔松，等. 基于 TSF-Stanford 模型的广东省家用电脑废弃量估算研究 [J]. 绿色科技，2013 (10)：233-235.

[50] Xu Q, Li G, He W, et al. Cathode ray tube (CRT) recycling：Current capabilities in China and research progress [J]. Waste Management, 2012, 32 (8)：1566-1574.

[51] Mear F, Yot P, Cambon M, et al. The characterization of waste cathode-ray tube glass [J]. Waste Management, 2006, 26 (12)：1468-1476.

[52] Lee C H, Chang S L, Wang K M, et al. Management of scrap computer recycling in Taiwan [J]. Journal of Hazardous Materials, 2000, 73 (3)：209-220.

[53] Yamashita M, Wannagon A, Matsumoto S, et al. Leaching behavior of CRT funnel glass [J]. Journal of Hazardous Materials, 2010, 184 (1-3)：58-64.

[54] Kim D, Quinlan M, Yen T F. Encapsulation of lead from hazardous CRT glass wastes using biopolymer cross-linked concrete systems [J]. Waste Management, 2009, 29 (1)：321-328.

[55] 胡昌盛，许来永，高善庆. 废 CRT 玻璃循环利用现状与研究进展 [J]. 环境工程，2012 (S2)：286-288.

[56] 韩业斌. 含铅玻璃可资源化研究 [J]. 硅酸盐通报，2015 (01)：164-167.

[57] Andreola F, Barbieri L, Corradi A, et al. CRT glass state of the art-A case study：Recycling in ceramic glazes [J]. Journal of the European Ceramic Society, 2007, 27 (2-3)：1623-1629.

[58] 田英良，邵艳丽，孙诗兵. CRT 玻璃资源化方法与再利用途径 [J]. 材料导报，2013 (15)：74-77.

[59] 陆佩文. 无机材料科学基础 [M]. 武汉：武汉工业大学出版社，1995.

[60] 闵雁，姚旦，杨健. 以废玻璃为原料研制泡沫玻璃 [J]. 玻璃，2002 (02)：39-40.

[61] 郭宏伟，高淑雅，高档妮. 泡沫玻璃在建筑领域中的应用及施工 [J]. 陕西科技大学学报，2006 (06)：57-60.

[62] 张剑波，吴勇生，张喜，等. 泡沫玻璃生产技术的研究进展 [J]. 材料导报，2010 (S1)：186-188.

[63] 连汇汇，苑文仪，吴晓阳，等. 利用废 CRT 屏玻璃为原料制备泡沫玻璃 [J]. 环境工程学报，2012 (01)：292-296.

[64] 郭艳平，钟高辉，区雪连，等. 利用铅锌尾矿和 CRT 玻璃固体废弃物协同制备微晶玻璃工艺 [J]. 再生资源与循环经济，2014 (05)：30-34.

［65］ Bernardo E, Scarinci G, Hreglich S. Development and mechanical characterization of $Al_2O_3$ platelet-reinforced glass matrix composites obtained from glasses coming from dismantled cathode ray tubes ［J］. Journal of the European Ceramic Society, 2005, 25 （9）: 1541-1550.

［66］ Andreola F, Barbieri L, Corradi A, et al. Glass-ceramics obtained by the recycling of end of life cathode ray tubes glasses ［J］. Waste Management, 2005, 25 （2）: 183-189.

［67］ Andreola F, Barbieri L, Karamanova E, et al. Recycling of CRT panel glass as fluxing agent in the porcelain stoneware tile production ［J］. Ceramics International, 2008, 34 （5）: 1289-1295.

［68］ Bernardo E, Castellan R, Hreglich S. Sintered glass-ceramics from mixtures of wastes ［J］. Ceramics International, 2007, 33 （1）: 27-33.

［69］ Dondi M, Guarini G, Raimondo M, et al. Recycling PC and TV waste glass in clay bricks and roof tiles ［J］. Waste Management, 2009, 29 （6）: 1945-1951.

［70］ 朱建新, 陈梦君, 于波. 废旧阴极射线管玻璃高温自蔓延处理技术 ［J］. 稀有金属材料与工程, 2009, 38 （S2）: 134-137.

［71］ 陈梦君. 废弃 CRT 玻璃无害化处理技术研究 ［D］. 北京: 中国科学院研究生院, 2009.

［72］ 陈梦君, 张付申, 朱建新. 真空碳热还原法无害化处理废弃阴极射线管锥玻璃的研究 ［J］. 环境工程学报, 2009, 3 （1）: 156-160.

［73］ Mostaghel S, Samuelsson C. Metallurgical use of glass fractions from waste electric and electronic equipment （WEEE） ［J］. Waste Management, 2010, 30 （1）: 140-144.

［74］ 石翔, 李光明, 胥清波, 等. 废阴极射线管 （CRT） 玻璃资源化技术的研究进展 ［J］. 材料导报, 2011 （11）: 129-132.

［75］ 蒋继穆. 国内外铅冶炼技术现状及发展趋势 ［J］. 有色冶金节能, 2013 （03）: 4-8.

［76］ 张少峰, 胡熙恩. 含铅废水处理技术及其展望 ［J］. 环境污染治理技术与设备, 2003 （11）: 68-71.

［77］ Yot P G, Mear F O. Lead extraction from waste funnel cathode-ray tubes glasses by reaction with silicon carbide and titanium nitride ［J］. Journal of Hazardous Materials, 2009, 172 （1）: 117-123.

［78］ Sancilio C. COBAT: collection and recycling spent lead/acid batteries in Italy ［J］. Journal of Power Sources, 1995, 57 （1-2）: 75-80.

［79］ 杨家宽, 朱新锋, 刘万超, 等. 废铅酸电池铅膏回收技术的研究进展 ［J］. 现代化工, 2009 （03）: 32-37.

［80］ 戴秀玲, 陈玉松, 邓继东. 涂板生产过程余铅膏的再利用 ［J］. 蓄电池, 2013 （03）: 131-132.

［81］ 唐征, 毛贤仙, 王瑜, 等. 高温固化在 VRLA 电池中的应用 ［J］. 蓄电池, 2003 （03）: 104-110.

［82］ 张靖佳. 四碱式硫酸铅的制备及其性能研究 ［D］. 哈尔滨: 哈尔滨师范大学, 2013.

［83］ 李富元, 李世双, 王进. 国内外再生铅生产现状及发展趋势 ［J］. 世界有色金属, 1999 （05）: 23-27.

[84] 李忠卫，尚辉良，邓雅清. 我国再生铅产业发展的现状与瓶颈 [J]. 有色冶金设计与研究，2014（3）：58-61.

[85] 安石妍. 铅酸蓄电池发展现状与回收利用 [J]. 黑龙江科技信息，2012（13）：83.

[86] 王红梅，刘茜，王菲菲，等. 中国铅酸蓄电池回收处理现状及管理布局研究 [J]. 环境科学与管理，2012（6）：51-54.

[87] 马永刚. 中国废铅蓄电池回收和再生铅生产 [J]. 电源技术，2000（3）：165-168.

[88] 屈联西，闫乃青. 再生铅技术现状与发展 [J]. 中国金属通报，2010（35）：17-19.

# 6 锌循环利用技术

锌是与人类关系非常密切的有色金属，因具有良好的导电导热性、耐腐蚀性和延展性等物理化学特征，已被广泛应用于汽车、建筑、船舶、轻工搪瓷、医药、印刷、纤维等多个领域。随着我国工业化、现代化建设步伐的加快，近年来，我国锌产业迅猛发展。2014 年，我国锌产量已超过 600 万吨，约占世界总产量的 40%，连续 24 年位居世界第一。我国锌消费主要集中在镀锌、压铸锌合金、氧化锌、黄铜、电池五大领域，其中镀锌行业中锌消费占总消费量比例达到 57%。然而，面对日益增大的消费量，国内锌资源已不能完全保障供应，资源供给瓶颈日益突出。

2014 年再生锌的产量为 133 万吨。主要包括热镀锌渣和锌灰的利用、生产过程中和报废后的锌合金的再生利用、钢铁行业电弧炉烟尘和瓦斯泥/灰中锌的提取利用、其他冶金行业含锌尘泥中锌的提取利用。但是，我国再生锌产业发展依然相对落后，无论是和国内的再生铜、再生铝产业相比，还是和国外再生锌产业相比，都存在较大距离。一方面是由于锌产业比较特殊，用途分散；另一方面，更主要的原因还是对再生锌产业没有给予足够的重视。到目前为止，对于在国外处理技术和工艺都很成熟的电弧钢铁烟尘回收利用，我国长期以来一直没有给予关注和重视，50t 以上的电炉虽有收尘系统，但也只是收集，并不处理；50t 以下的小电炉连收尘系统都没有。这不仅仅是资源的浪费，同时也是对环境的危害。大力研发废锌再生利用技术是我国发展循环经济、建设节约型社会的必然发展趋势。

## 6.1 含锌废料来源与分类

### 6.1.1 含锌废料来源

含锌废料按原料来源主要分为新废料和旧废料。新废料是在冶炼及加工过程产生的废料，主要包括来自镀锌行业、铜材厂、锌压铸行业、锌材加工行业、电池生产工业的锌渣、灰、边角料以及铅、铜冶炼系统的含锌烟尘等。旧废料是产品报废后产生的废料，主要是报废的压铸锌合金和锌材、镀锌废钢在电弧炉冶炼烟道灰等。再生锌的来源主要包括以下几类：

（1）热镀锌产业的锌渣/锌灰。钢材的热镀锌过程中，锌消费量约占锌总消费量的 45%～55%，大量的锌进入锌渣和锌灰。热镀锌灰锌渣中锌含量高，易于回收，回收率高达 90% 以上。根据渣在锌锅中的不同位置，分为底渣、自由渣和浮渣，锌质量分数均在 95% 以上；批量镀锌（镀锌管、镀锌结构件等）产生锌渣和锌灰，锌灰由氧化锌和锌组成，锌质量分数也在 80% 左右。

（2）铸造行业的废旧锌压铸件。锌压铸件占压铸件总量的 25%，锌压铸件的正常使用年限为 10～20 年，每年都有大量的锌压铸件报废，如报废的汽车零部件、家用电器等。其中绝大部分不适用于压铸工业的再次利用，而是作为冶炼原料制备锌锭，我国折旧锌合金压铸制品回收率约为 65%。

（3）锌加工行业的废旧件、废料、边角料、切屑等。我国铜材综合成品率平均为 60%。黄铜废料中约 90% 的金属锌没有离开黄铜，另外 10% 的金属锌有 75% 被回收再用，间接利用的黄铜中的锌由于与铜相比，锌的价值偏低，90% 没有被回收，只有 15% 左右以铜灰形式（含锌 30% 左右）生产电解锌。

（4）报废干电池。包括锌锰干电池、碱性锌锰电池、锌空气电池等。锌电池中锌废料主要来自锌饼、锌板加工过程中锌锭熔铸产生的锌渣。我国电池用锌的熔铸损耗率约为 5%，熔渣产生率为 4%。我国每年报废电池达到 200 亿只，电池锌含量达 2 万吨。由于锌电池的使用和报废都较分散，目前国内不具备统一回收废旧电池的条件；另一方面，也没有统一处理废旧电池回收其中锌的经济适用技术。

（5）钢铁厂烟尘。含锌烟尘主要来自高炉灰、转炉灰和电炉灰。其中以电炉灰为主，因为电炉主要是用来炼废钢，电炉灰中锌质量分数大约为 15%；转炉也有一部分废钢，但含锌量较低，一般在零点几到百分之一点几；高炉灰的含锌量也有 7%～8%（质量分数）。但这取决于原料种类，不同钢厂的烟尘含锌量差别很大，烟尘中含锌量为 15%～40%（质量分数）。

（6）熔炼锌与锌合金过程中产生的浮渣，浇铸过程中的飞溅、浮灰等。

（7）化工及化学品生产过程中的废料保险粉、吊白块等生产过程中产生的氢氧化锌渣泥，石油加工和化肥生产过程中使用的废旧催化剂等。

（8）铅、铜冶炼系统产生的烟灰。由于锌与铅金属总是在矿石中伴生的，在铅冶炼过程中，锌的熔沸点低，还原后进入烟道和除尘设备中被富集，这部分也是再生锌的原料。另外在铜冶炼系统中因为有废杂黄铜的存在，其中的锌也会在烟道中富集起来，成为再生锌的原料。

各类含锌废料的含锌量范围及状况特点见表 6-1[1]。

## 6.1.2 再生锌的分类

2007 年，我国公布了锌及锌合金废料的国家标准，按照物理形态将废锌分为三大类，即Ⅰ类——锌及锌合金块状废料，Ⅱ类——锌及锌合金屑料，Ⅲ类——锌及锌合金灰渣。废锌的分类见表6-2[2]。

表6-1 含锌废料的含锌量范围及其状况特点

| 类 别 | 含锌量（质量分数）/% | 状 况 特 点 |
|---|---|---|
| 热镀锌渣 | 85~97 | 含Fe、Pb较多，呈团块状 |
| 废旧压铸件 | 93~96 | 往往与Cu、Al、钢铁件组装在一起 |
| 锌加工、机加工废料 | 95~97 | 含Al、Cu、Fe、Mg等，薄料、废料、屑 |
| 废旧干电池 | 15~22 | 与$MnO_2$、$ZnCl_2$、炭棒、铜帽等混杂在一起 |
| 钢铁厂含锌烟尘 | 15~40 | 含Fe、Pb、Cl较多，呈粉状，氧化严重 |
| 熔锌渣、灰 | 40~80 | 含Al、Pb、Cu等，呈细小颗粒及粉灰状 |
| 冶金行业产生的含锌泥渣 | 3~70 | 含Pb、Cd、Fe、Cl、S、C等 |
| 其他行业产生的含锌泥渣 | 3~10 | 含Pb、Fe、Cl、S等，并夹杂有CaO等砂泥 |

表6-2 废锌的分类（GB/T 13589—2007）

| 类别 | 级 别 |
|---|---|
| Ⅰ类：锌及锌合金块状废料 | 包括废照相制版用微晶锌板、电池锌板、电池锌饼、锌阳极板等：<br>1级：同一牌号的金属锌，无腐蚀、无夹杂；<br>2级：同一牌号的金属锌，夹杂率≤2%；<br>3级：同一名称的金属锌，无腐蚀、无夹杂；<br>4级：同一名称的金属锌，夹杂率≤1% |
| | 包括报废的汽车仪表外壳及零部件、印刷字、煤气灶零部件、军械和航空用零部件等：<br>1级：同一牌号的铸造锌合金，无腐蚀、无夹杂；<br>2级：同一牌号的铸造锌合金，夹杂率≤2%；<br>3级：同一名称的铸造锌合金，无腐蚀、无夹杂；<br>4级：同一名称的铸造锌合金，夹杂率≤2% |
| | 包括报废的锌及其锌合金废品、零部件、汽车化油等：<br>1级：锌含量≥98%的金属锌，无腐蚀；<br>2级：锌含量≥85%的锌合金；<br>3级：锌含量≥75%的锌合金；<br>4级：锌含量≥60%的锌合金；<br>5级：不符合上述要求的混合锌及其合金废料 |
| | 包括锌及其合金在生产加工过程中产生的边角料、残次品等：<br>1级：同一牌号的加工锌及其合金，无腐蚀、无夹杂；<br>2级：同一牌号的加工锌及其合金，夹杂率≤2%；<br>3级：同一名称的加工锌及其合金，无腐蚀、无夹杂；<br>4级：同一名称的加工锌及其合金，夹杂率≤2%；<br>5级：同一类的加工锌及其合金，无腐蚀、无夹杂；<br>6级：同一类的加工锌及其合金，夹杂率≤2% |

| 类别 | 级别 |
|---|---|
| Ⅰ类：锌及锌合金块状废料 | 包括纯锌在机械加工过程中产生的屑料：<br>1 级：同一牌号的金属锌，无腐蚀、无夹杂；<br>2 级：同一牌号的金属锌，夹杂率≤3%；<br>3 级：同一名称的金属锌，无腐蚀、无夹杂；<br>4 级：同一名称的金属锌，夹杂率≤3% |
| Ⅱ类：锌及锌合金屑料 | 包括铸造公差中产生的锌合金屑：<br>1 级：同一牌号的铸造锌合金，无腐蚀、无夹杂；<br>2 级：同一牌号的铸造锌合金，夹杂率≤3%；<br>3 级：同一名称的铸造锌合金，无腐蚀、无夹杂；<br>4 级：同一名称的铸造锌合金，夹杂率≤3% |
| | 包括锌合金在机械加工过程中产生的屑料：<br>1 级：同一牌号的加工锌及其合金，无腐蚀、无夹杂；<br>2 级：同一牌号的加工锌及其合金，夹杂率≤2%；<br>3 级：同一名称的加工锌及其合金，无腐蚀、无夹杂；<br>4 级：同一名称的加工锌及其合金，夹杂率≤2% |
| | 包括锌及其合金在加工和铸造过程中产生的混合屑：<br>1 级：锌含量≥90%的锌及合金屑；<br>2 级：锌含量≥75%的锌及合金屑；<br>3 级：锌含量≥60%的锌及合金屑；<br>4 级：锌含量≥40%的锌及合金屑 |
| Ⅲ类：锌及锌合金灰渣 | 包括冶炼/加工/压铸过程中产生的锌及其合金烟灰等：<br>1 级：锌含量≥60%的锌及其合金灰；<br>2 级：锌含量≥40%的锌及其合金灰；<br>3 级：锌含量≥30%的锌及其合金灰；<br>4 级：锌含量≥20%的锌及其合金灰；<br>5 级：锌含量≥5%的锌及其合金灰 |
| | 包括冶炼/加工/压铸过程中产生的锌及其合金渣等：<br>1 级：锌含量≥60%的锌及其合金渣；<br>2 级：锌含量≥40%的锌及其合金渣；<br>3 级：锌含量≥30%的锌及其合金渣；<br>4 级：锌含量≥20%的锌及其合金渣；<br>5 级：锌含量≥5%的锌及其合金渣 |

## 6.2 锌锰干电池的回收再利用技术

目前，废电池的回收处理技术主要包括湿法处理、火法处理和火法—湿法联合法。湿法是利用酸与废电池中的锌、二氧化锰等反应，生成可溶性盐溶液，溶液净化后电解回收金属或生产化工产品。主要包括焙烧-浸出法和直接浸出法。

火法是指在高温下使废干电池中的金属及其化合物氧化、还原、分解、挥发、冷凝回收等过程，通常可分为常压冶金法和真空冶金法两类。总体来看，湿法冶金法流程长，但有价组分的综合回收较好。火法冶金法过程简单、成本较低，但过程控制难度大、技术复杂性高。

## 6.2.1　锌锰干电池的结构与成分

锌锰干电池可分为酸性锌锰干电池和碱性锌锰干电池。

(1) 酸性锌锰干电池。19 世纪 60 年代，其由法国勒克兰谢（Leclanche）发明，故又称为勒克兰谢电池或炭锌干电池。酸性锌锰干电池以锌筒为负极，以二氧化锰粉、氯化铵及炭黑的混合糊状物为正极。正极材料中间有一根炭棒，作为引出电流的导体。正极和负极之间有一层增强的隔离纸，该纸浸透了含有氯化铵和氯化锌的电解质溶液，可表示为：

$$(-)Zn \mid NH_4Cl(20\%), ZnCl_2 \mid MnO_2, C(+)$$

放电时，该电池中的反应如下：

正极反应　　$2MnO_2 + 2H_2O + 2e^- \Longrightarrow 2MnO(OH) + 2OH^-$

负极反应　　　　$Zn + 2NH_4Cl \Longrightarrow Zn(NH_3)_2Cl_2 + 2H^+ + 2e^-$

总反应　　$2MnO_2 + Zn + 2NH_4Cl \Longrightarrow 2MnO(OH) + Zn(NH_3)_2Cl_2$

酸性锌锰干电池的特点为：开路电压 1.55~1.70V；原材料丰富、价格低廉；型号多样（1~5 号）；携带方便，适用于间歇式放电场合。缺点是：使用过程中电压不断下降，不能提供稳定电压；放电功率低、比能量小；低温性能差，在 -20℃ 即不能工作。

(2) 碱性锌锰干电池简称碱锰电池，是在 1882 年研制成功，1949 年投产问世。碱性锌锰干电池可在高寒地区使用，它的电池表达式为：

$$(-)Zn \mid KOH, K_2[Zn(OH)_4] \mid MnO_2, C(+)$$

碱性锌锰干电池的电极反应如下：

正极反应　　　　$MnO_2 + 2H_2O + 2e^- \Longrightarrow Mn(OH)_4^{2-}$

负极反应　　　　　$Zn + 4OH^- \Longrightarrow Zn(OH)_4^{2-} + 2e^-$

总反应　　$Zn + MnO_2 + 2H_2O + 4OH^- \Longrightarrow [Mn(OH)_4]^{2-} + [Zn(OH)_4]^{2-}$

碱性锌锰干电池的特点为：开路电压 1.5V；工作温度范围 -20~60℃，低温放电性能好，适于高寒地区使用；电容量是酸性锌锰电池的 5 倍左右。

传统碱性电池为了减缓锌片（粉）的腐蚀，延长电池的寿命，通常添加少量汞使锌片（粉）汞齐化；在糊式电池制造过程中，为了防止电解液载体糊不变质，需要添加一定量的氯化汞起到防腐作用。目前，我国生产的干电池已经实现无汞化，汞的含量严格控制在 0.001% 以下。

废旧锌锰电池的回收利用主要包括破碎预处理、回收及高值化利用。破碎方式主要有链式、锤式、颚式破碎，回收利用主要有干法、湿法、干湿法及生物法等，高值化利用主要是直接制备相关产品，如制备锌锰铁氧体。

## 6.2.2　破碎预处理技术

无论采用何种方法，废旧电池的回收处理都首先要进行破碎处理，破碎的效果直接决定了后期处理的效率，甚至可能决定后期的处理工艺方法。早期通常采用人工破碎分离方法，即将废旧锌锰电池进行分类后，用简单的机械将电池剖开，人工分离各种物质，并作相应回收处理。但因分解效率低、经济效益低等缺点现已很少采用。目前一般采用机械破碎，最常用的是链式、锤式、颚式等破碎机，这些方法对糊式电池的破碎很有效果，但对于碱性电池效果不佳，主要原因是碱性电池的铁壳和正极环与锌筒相比具有相当的硬度和韧性。所以需要研制开发一种有效的电池破碎方法，使废电池得到充分的破碎，便于后期的处理。张深根等[3]开发了一种电池拆分预处理系统，如图6-1所示。

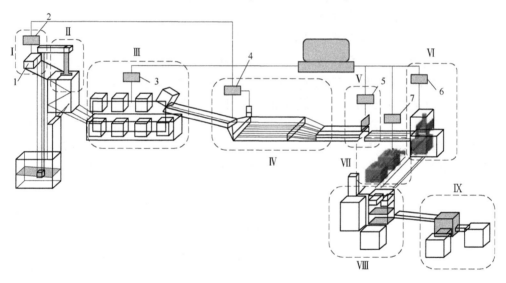

图 6-1　废旧电池拆分预处理系统结构示意图

1—自动给料机；2—监控器；3—余电释放监控器；4—排序系统监控器；

5—步进传送带监控器；6—切割监控器；7—电芯推取装置监控器

该拆分预处理系统包括自动给料机、清洗系统、余电释放系统、排序系统、步进传送、切割系统、电芯推取装置、集流体分选系统、锰锌分离机、运输机及储箱、中央监控器及部件监控器。拆分预处理时，自动给料机 1 具有自动给料机监控器 2，所述余电释放系统具有余电释放监控器 3，所述排序系统具有排序系统监控器 4，所述步进传送带具有步进传送带监控器 5，所述切割系统具有切割监控器 6，所述电芯推取装置具有电芯推取装置监控器 7。该电池拆分预处理系统结构简单，操作方便，自动化程度高，拆分效率高，绿色环保的优点，高效收集壳体、电极，有利于后续材料回收。

### 6.2.3　湿法回收技术

湿法回收技术，主要是通过酸性溶液将粉碎后的电池溶解，使金属元素以离子形式存在，加入稀硫酸进行浸取，再经化学或电化学方法获得金属单质、氧化物、盐等产品。目前国内的研究以直接酸浸和焙烧酸浸为主。

#### 6.2.3.1　直接浸出法

直接浸出法是将废旧电池破碎、筛分、洗涤后，直接用酸浸出 Zn、Mn 等金属成分，经过滤、净化后，从滤液中提取金属并生产化工产品。在直接浸出法中，液体浸取及浸取液的后处理是关键，直接影响各物质回收率及产物的成本。浸取液多为酸（HCl、$H_2SO_4$、$HNO_3$）和铵盐[（$NH_4$）$_2CO_3$、（$NH_4$）$_2SO_4$]，浸取后的处理随浸取液的不同而异。

#### 6.2.3.2　焙烧—酸浸—沉淀分离技术

焙烧—酸浸—沉淀分离技术是将破碎处理后的电池先经过焙烧除去碳和汞，再用酸浸取其中的锌锰，经沉淀分离得到锌锰化合物。具体步骤如下：

（1）焙烧的主要目的是除碳和汞，并且使高价锰氧化物分解。在 500℃ 分解，碳不易除去；在 600℃，碳可以焚烧脱除，但锰的高价氧化物不易还原为氧化锰；而温度高于 750℃，锌将以蒸汽的形式进入烟气。在 750℃ 下焙烧 0.5h，碳没有烧尽，焙烧 1h，碳已经烧尽。所以较佳焙烧温度为 750℃，焙烧时间为 1h[4]。

（2）酸浸分别用 1:1 的硫酸、1:1 的盐酸、1:1 的硝酸、1:1 的磷酸浸取焙烧后的粉末，分析浸取液中锌和锰的浓度，计算浸取率，见表 6-3[4]。

表 6-3　酸的种类对浸取率的影响

| 酸的种类 | 浓度 | 锌的浸取率/% | 锰的浸取率/% |
| --- | --- | --- | --- |
| 硫酸 | 1:1 | 96.2 | 95.1 |
| 盐酸 | 1:1 | 95.1 | 94.6 |
| 硝酸 | 1:1 | 95.5 | 94.7 |
| 磷酸 | 1:1 | 58.4 | 42.3 |

由表 6-3 可见，磷酸的浸取率最低，而硫酸、盐酸、硝酸的浸取率基本相同，可以选择硫酸。

（3）分离用氨水调节 pH 值到 8~9，锰基本沉淀，锌在滤液中，两者较好地分离，得到硫酸锰和硫酸锌。

### 6.2.3.3 浸出—双金属电解工艺

废锌锰干电池经破碎或焙烧处理后，用酸液（硫酸或盐酸）将锌和二氧化锰浸取出来，浸液经净化后同槽电解产生锌和二氧化锰。Bartolozzi 等[5]采用同时电解的方法回收废旧干电池中的锌和二氧化锰，结果表明，其阳极析出物仅含70%的二氧化锰，且阳极电流效率低。Cleusa 等[6]采用"酸浸—同槽电解"工艺处理锌锰干电池，结果表明，该工艺可回收锌锰电池中40%的锰及接近100%的锌；冯丽婷等[7]采用同槽电解法回收得到90%的锰和90%的锌；1975 年南非Gamzinc 公司和澳大利亚雷斯顿工厂用同槽电解工艺处理高锰锌矿，但所得到的二氧化锰夹杂大量杂质铅、钾等，达不到电池二氧化锰的质量标准[8]。

1973 年起，北京矿冶研究总院、中南大学等科研院所开始研究 Zn-Mn 同槽电解技术，大致可分为"焙烧—浸出—同槽电积"和"破碎—浸出—同槽电积"。包智香等[9]开发了一种双金属电积回收锌和二氧化锰的工艺，其工艺流程如图 6-2 所示。

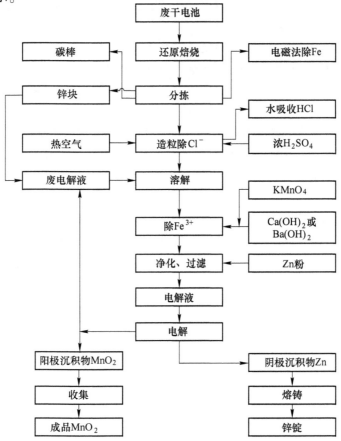

图 6-2 焙烧—浸出—除杂—双金属电积工艺流程图

首先，在贫氧环境下焙烧废干电池，使电池中的碳氢化合物不完全燃烧。焙烧料经筛分、电磁分选后分离出金属铁、锌、碳棒。将浓硫酸加入到上述分拣后的粉料中，不断搅拌，使之发生如下反应：

$$MnO + H_2SO_4 =\!=\!= MnSO_4 + H_2O$$
$$MnCl_2 + H_2SO_4 =\!=\!= MnSO_4 + 2HCl$$
$$ZnO + H_2SO_4 =\!=\!= ZnSO_4 + H_2O$$
$$ZnCl_2 + H_2SO_4 =\!=\!= ZnSO_4 + 2HCl$$

加热反应液并不断搅拌，使 HCl 气体挥发干净，HCl 可用水吸收。将废电解液加入到粒料中，以加速硫酸盐的溶解和反应的进行，直至 Zn 完全溶解，无 $H_2$ 生成。向上述溶液中加入 $Ca(OH)_2$ 中和，调节溶液的 pH 值，溶液中发生如下反应：

$$Fe_2(SO_4)_3 + 3Ca(OH)_2 =\!=\!= 2Fe(OH)_3\downarrow + 3CaSO_4\downarrow$$

接着，向溶液中加入一定比例的锌粉，净化溶液并过滤。净化后的电解液倒入电解槽内，以铝板为阴极，铅银合金或铁板作阳极，进行电解。锌沉积在阴极铝板上，二氧化锰沉积在阳极铅板上。

钟竹前等[10]研发了一种废电池的"破碎—浸出—净化—双金属电积"处理工艺。首先，将废电池用粉碎机破碎、分选后得到锌壳、铁皮、铜帽、纸和塑料。接着，将分选后得到的二氧化锰物料置于硫酸溶液中，不断搅拌下均匀加入金属锌渣或硫化锌精矿，该浸出过程的反应可表示为：

$$Zn + MnO_2 + 4H^+ =\!=\!= Zn^{2+} + Mn^{2+} + 2H_2O$$
$$Zn + Mn_2O_3 + 6H^+ =\!=\!= Zn^{2+} + 2Mn^{2+} + 3H_2O$$

滤液经净化后倒入电解槽内，以碳棒为阳极、铝板为阴极，进行电解。电解反应式为：

$$Zn^{2+} + Mn^{2+} + 2H_2O =\!=\!= Zn + Mn + 4H^+ + O_2\uparrow$$

电解后获得了电解锌和电解二氧化锰产品，废电解液返回浸出过程。该技术的优点为：取消了常规工艺中的焙烧工序，消除了二次污染；废电池破碎分选出的锌片可直接回收，提高了锌的回收率、降低生产成本；废电池回收过程中既综合处理了金属锌渣，又提高了浸出反应速率；浸出液中锌与二氧化锰的比例可满足电解的要求。

### 6.2.4　火法回收技术

火法回收技术现将预处理后的废电池经烧结，残留物加入转炉进行高温冶炼，工艺流程如图 6-3 所示[1]。该方法既解决了废旧电池对环境的危害，又可将废电池中的铁、镍、锰等金属元素作为炼钢原料加以回收利用。

该方法主要包括预处理、滤液和铝渣中有用物质的回收、转炉冶炼等。

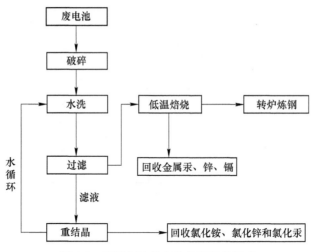

图 6-3 废旧电池的火法处理工艺流程

（1）废电池的预处理包括机械粗破碎、机械筛分、水洗、过滤等，将可分类回收的物质，如铁皮、锌皮、塑料等回收处理。同时，去除不宜进入转炉的成分，如氯、钾、钠、硫等。

（2）滤液和滤渣中有用物资的回收采用重结晶法回收滤液中的氯化铵、氯化锌和氯化汞等；采用低温焙烧法回收滤渣中的金属汞、锌和镉。

（3）转炉冶炼利用转炉处理废电池中的废铁和低温焙烧后的残渣，实现废电池的无害化和资源的回收利用。

目前，瑞士、日本、瑞典、美国等发达国家均采用火法回收废旧电池。瑞士巴特列克公司采用"破碎—裂解—熔融"工艺处理废旧电池：首先，将废电池磨碎后送入裂解炉中，在 300~750℃ 温度下裂解；裂解产生的汞蒸汽经冷凝后回收；裂解后的金属渣在 1500℃ 下熔融，铁与锰形成铁锰合金。锌被蒸发后进入飞溅冷凝器加以回收，焦炭作为熔融的热源。该公司年加工 2000t 废电池，可获得 780t 锰铁合金、400t 锌合金及 3t 汞。日本野村兴产株式会社在北海道建立了废干电池火法冶金厂，生产规模达 6000t/年，采用的工艺流程如图 6-4 所示[1]。

该厂采用回转窑作为焙烧炉，氧化焙烧温度 800℃。焙烧炉排出的含锌锰渣中基本不含水银，通过凝缩装置处理后，排放的废气汞含量为 0.015mg/m³。精制后水银浓度高于 99.99%。金属回收率：锌为 90%，汞为 90%，锰进入锌锰渣内。日本石森、松岗等厂采用的废干电池回收工艺流程如图 6-5 所示[1]。

由图 6-5 可知，在竖炉的氧化层中，废干电池中的汞被挥发出来。接着，物料经过高温还原层时，锌被还原挥发出来。最后，残余物（大部分为铁、锰）进入熔融层，被熔融成锰铁合金，从而达到回收锌以及锰铁合金的目的。

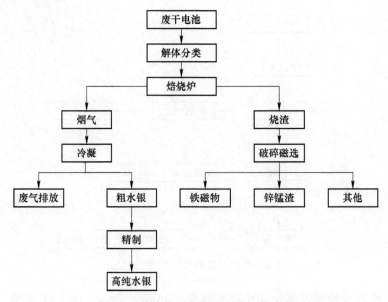

图 6-4　焙烧法回收废干电池工艺流程

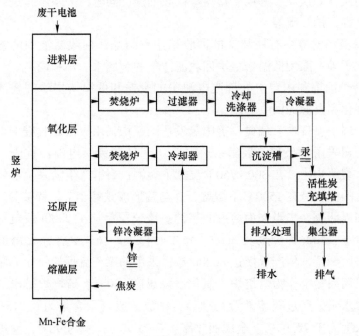

图 6-5　废干电池处理工艺流程

## 6.2.5　生物淋浸技术

生物淋浸技术是利用微生物及其代谢产物的氧化还原、络合、吸附、溶解等作用，把废电池中的重金属、硫等分离浸提的技术。该技术在矿冶工业中应用较为广泛，最初用于提取矿石中的金属，后来逐步应用到城市污泥重金属提取、土壤生物修复等领域。20世纪末，该技术被引入到废旧电池重金属浸出的研究中。

C. Cerruti 等[11]使用9K培养基对废旧镍镉电池进行了金属浸取，研究结果表明，在浸取 pH = 2.0、浸取温度30℃、曝气量120L/h条件下，经过93d，镉的浸出率达100%，镍的浸出率为96.5%，铁的浸出率为95.0%。朱南文等[12]设计了"生物反应器+沉淀池+浸金池"的组合装置处理废旧电池，硫杆菌在曝气生物反应器中培养和繁殖，上清液流入沉淀池。经沉淀后，沉淀池中的渗滤液进入浸取池，对废旧电池材料进行金属浸取。但浸取时间为4d时，镍的浸出率最高，可达75.6%。孙艳、吴锋等[13]采用嗜酸硫杆菌处理电极材料，并研究了温度（15~35℃）对金属浸出速率的影响。结果表明：温度越高，体系 pH 值下降及 $SO_4^{2-}$ 浓度上升的速率越快，电极材料中重金属 Ni 和 Co 的浸出率也相应提高；35℃时，Ni 的浸出率为98.0%，Co 的浸出率为77.9%。朱庆荣等[14]比较了镍镉电池、锌锰电池、锂离子电池在生物滤淋体系和硫酸浸取体系的浸出效率（pH = 2条件下）。实验结果表明，加入不同电池后，两个体系的 pH 值均有所上升，但硫酸浸取体系的 pH 值上升幅度较大，甚至变为碱性；浸取9d至12d后，生物淋滤体系浸出的镍浓度274mg/L、锌浓度545mg/L、锰浓度370mg/L、锂浓度70mg/L、钴浓度306mg/L；浸取9~12d后，化学体系中各类金属浸出浓度均在10mg/L以下，钴甚至未浸出。牛志睿等[15]以氧化硫硫杆菌为淋滤菌株对废旧碱性电池电极材料中 Zn、Mn 进行生物淋滤，考察了生物淋滤、化学浸提和微波辅助处理对 Zn、Mn 浸出率的影响。实验结果表明，在能源底物单质硫浓度20g/L、初始 pH 值1.0、淋滤培养温度35℃、固液比为1%条件下，经过9d生物淋滤，微波辅助处理的生物淋滤体系 Zn、Mn 浸出率均达到49%左右，优于其他淋滤体系。溶出动力学研究表明，Zn 的溶出动力学符合化学反应控制模型，Mn 的溶出则表现较为复杂。

生物淋滤技术具有浸出效果明显、二次污染小、经济环保等优点，但是，一方面实验周期相对较长、菌种的来源各异且不易培养、易受污染且与浸出液分离等方面的问题还是存在；另一方面，该技术仍处于实验研究阶段，尚未应用于实际生产中。如何优化浸淋条件，提高其可行性，以便应用于实际生产当中是现阶段的重要任务。

### 6.2.6 制备锰锌铁氧体技术

锰锌铁氧体具有高磁导率、高饱和磁化强度和低功率损耗等特性，被广泛用于通信、传感、电视机、开关电源和磁头等工业中。废旧锌锰电池中同时含有制备锰锌铁氧体所需的大量的锰、锌、铁等元素，因此，以废旧锌锰电池为原料制备锰锌铁氧体的研究正日益受到国内外学者的广泛关注。

典型的废锌锰电池制备锰锌铁氧体工艺主要包括废电池破碎、蒸汞、浸出、净化、共沉淀、干燥、焙烧等工序。

(1) 废电池破碎。将废电池破碎至 $1 \sim 5\mathrm{cm}$。

(2) 蒸汞。除去废干电池中的有毒物质汞，避免对环境造成污染。蒸汞的工艺条件为温度 $600 \sim 700{}^{\circ}\mathrm{C}$、时间 4h、排风量为 $500\mathrm{m}^3/\mathrm{h}$。蒸汞炉内装有吸收液，通过吸收液后排出的烟气中 $\mathrm{Hg} < 0.017\mathrm{mg/m}^3$。此外，废干电池中纸张、塑料、氯化铵等低熔点、易挥发的物质在收尘室中进行捕集。

(3) 浸出。将蒸汞后的固体产物在硫酸介质中加热并搅拌，浸出过程的主要反应为：

$$\mathrm{FeO} + \mathrm{H_2SO_4} =\!=\!= \mathrm{FeSO_4} + \mathrm{H_2O}$$

$$\mathrm{ZnO} + \mathrm{H_2SO_4} =\!=\!= \mathrm{ZnSO_4} + \mathrm{H_2O}$$

$$\mathrm{Zn} + \mathrm{H_2SO_4} =\!=\!= \mathrm{ZnSO_4} + \mathrm{H_2} \uparrow$$

$$\mathrm{MnO} + \mathrm{H_2SO_4} =\!=\!= \mathrm{MnSO_4} + \mathrm{H_2O}$$

此外，电池中含有的 Cu、Cd、Ni 等也会以相应的硫酸盐形式进入酸浸液中。

(4) 净化。其主要包括重金属的置换法去除、硫化法除杂和水解法除硅。净化过程的反应如下所示：

1) 置换反应机理（Me 表示金属元素）。

$$\mathrm{MeSO_4} + \mathrm{Fe} =\!=\!= \mathrm{FeSO_4} + \mathrm{Me}$$

$$\mathrm{MeSO_4} + \mathrm{Zn} =\!=\!= \mathrm{ZnSO_4} + \mathrm{Me}$$

2) 硫化除杂机理（Me 表示硫化物溶度积小的金属）。

$$\mathrm{MeSO_4} + (\mathrm{NH_4})_2\mathrm{S} =\!=\!= \mathrm{MeS} + (\mathrm{NH_4})_2\mathrm{SO_4}$$

3) 水解除铁机理。

$$\mathrm{Fe_2(SO_4)_3} + 6\mathrm{H_2O} =\!=\!= 2\mathrm{Fe(OH)_3} + 3\mathrm{H_2SO_4}$$

生成的 $\mathrm{Fe(OH)_3}$ 胶体可吸附溶液中的 Si。

(5) 共沉淀。调整溶液中铁、锌、锰浓度，并加入沉淀剂使其形成共沉淀物。

(6) 干燥。在真空干燥恒温烘箱中烘干共沉淀产物。

(7) 焙烧。焙烧烘干后的共沉淀产物，获得锰锌铁氧体。

席国喜等[16]以废旧锌锰电池为原料，采用草酸铵共沉淀法制备了锰锌铁氧体。研究表明，制备锰锌铁氧体的所得产物的平均粒径约为 28.5nm，产物的饱和磁化强度为 53.1924emu/g，矫顽力为 1280A/m。张晓东等[17]根据废旧电池和钛白废硫酸的特点，研究用钛白废硫酸浸出废干电池，通过硫化、氧化加热、置换、水解、氟化等工序净化除杂后，采用共沉淀法制取锰锌铁氧体。产品初始磁导率达 8000H/m 以上，杂质质量分数小于 $1 \times 10^{-4}$。该工艺以废治废，废料中的主要成分不需相互分离即可制取高附加值的锰锌铁氧体，少量的杂质元素可通过净化脱除并进行处置。

该技术可综合回收、利用废干电池中的铁、锌、锰元素，产品附加值高、过程无污染。但该工艺的流程较长，工艺条件的要求较为严格，因此，用于大批量生产时必须要有一定的经济规模才可以考虑建厂生产，同时也应配备较为先进的仪器与设备。

### 6.2.7 其他回收再利用技术

#### 6.2.7.1 超声波辅助浸取技术

超声波能在液体中产生各种复杂的效应，如机械效应、空化作用、热效应和化学效应等，其中，空化作用可在极短时间和极小空间中产生高温高压环境，为浸出反应开启新的通道。近年来，超声波辅助浸取技术在废旧电池湿法处理中出现。张永禄等[18]研究了超声场环境下 $H_2SO_4$-$H_2O_2$ 体系中钴浸出的动力学，研究结果显示：随超声波作用时间的增加，钴浸出率显著提高。赵锟等[19]探究了超声时间、双氧水用量、浸出温度等因素对废旧电池中钴浸出率的影响，结果表明：超声时间 20min、硫酸与双氧水体积比为 5：1、浸出温度 80℃时，钴的浸出率可达 99% 以上；相较传统的酸浸取，超声波的空化效应显著提高了反应速率。

然而，由于耗能较大、成本较高、耗酸量大等缺点，超声波辅助浸取技术的发展在一定程度上受到了限制。

#### 6.2.7.2 废锌锰干电池生产锌锰微肥技术

从农业化学的角度来分析，废锌锰电池中除了 Hg 外，Zn、Mn、Cu、Fe、K等都是农作物必需的营养元素，鉴于此，把废电池变成肥料应用到农业生产不失为一种有效的综合利用方法，而且不需要把废电池中的微量元素分离提纯，可以简化生产工艺。

微肥是含有一种或几种微量特种营养元素的肥料，微量元素在土壤中的含量见表 6-4[1]。

表 6-4 土壤有效态微量元素分级及临界值（×10⁻⁶）

| 项目 | 元素形态 | 土壤含微量元素等级 | | | 缺素极限值 |
|---|---|---|---|---|---|
| | | 极低 | 低 | 中等 | |
| 锌 | 有效态 | <0.5 | 0.5~1.0 | 1.1~2.0 | 0.5 |
| 硼 | 水溶态 | <0.25 | 0.25~0.5 | 0.5~1.0 | 0.5 |
| 锰 | 代替态 | <1 | 1.0~2.0 | 2.1~3.0 | 3.0 |
| 锰 | 易还原态 | <50 | 50~100 | 101~200 | 100 |
| 铜 | 有效态 | <0.1 | 0.1~0.2 | 0.3~1.0 | 0.2 |
| 钼 | 有效态 | <0.1 | 0.1~0.15 | 0.16~0.2 | 0.15 |

我国黄河以北许多地区的土壤缺锌、锰，严重影响农作物的生长。利用废旧干电池中含有的锌、锰、铵等，生产锌锰复合微肥是废旧干电池资源化的有效途径之一。首先，废旧干电池经破碎、筛分后调成浆状。接着，加入浓硫酸进行还原浸出，使电池中难溶于酸的 $MnO_2$ 转变为 $MnO$，$MnO$ 与硫酸进一步反应生成 $MnSO_4$。上述过程的化学反应如下：

$$2MnO_2 + C \xrightarrow{\quad} 2MnO + CO_2 \uparrow$$

$$MnO + H_2SO_4 \xrightarrow{\quad} MnSO_4 + H_2O$$

电池中的氯化铵与硫酸反应生成硫酸铵，锌及其化合物转化为硫酸锌，加入乙炔黑与石墨作为还原剂，浸出液可加入锌皮及氧化锌渣进行中和。该工艺中锌的浸出率通常大于98%，锰的浸出率通常大于90%，制备的废锌锰微肥的典型成分见表6-5[1]。

表6-5　废锌锰干电池制备的废锌锰微肥的典型成分

| 元　素 | | Zn | Mn | N | Fe | Cu | Pb | Hg |
|---|---|---|---|---|---|---|---|---|
| 含量 | $w$/% | 13.64 | 10.71 | 1.32 | 0.68 | | | |
| | mg/kg | | | | | 7.05 | 0.88 | 0.022 |

## 6.3　镀锌废料回收再利用技术

镀锌工业是金属锌最大的消费领域，在全球精锌的消费结构中，52%的精锌应用于镀锌钢板领域。我国约有55%的精锌用于镀锌钢板领域。由于我国镀锌板的产量约占全球总产量的40%，因此我国也是全球最大的锌消费国家。镀锌是指在金属、合金或者其他材料的表面镀一层锌，以达到美观、防锈等作用的表面处理技术。按工艺原理来划分，主要分为热镀锌、冷镀锌（也称电镀锌）和机械镀锌三类，其中热镀锌约占镀锌总量的95%。在镀锌过程中，锌的直接利用率一般在60%左右，其余形成锌渣和锌灰，产生过程如图6-6所示[20]。锌渣，是镀件、锌槽的槽体铁、镀件表面未漂洗尽的铁盐等与锌液作用，形成的锌铁合金。锌灰，是锌熔体表面被氧化及某些助镀剂进入镀槽与液态锌作用而形成的混合物，由氧化锌、金属锌和氯化物组成，锌的质量分数为50%~80%。随着镀锌工业的快速发展，锌渣、锌灰的产量急剧增加。锌渣、锌灰的回收利用技术研究已引起国内外的广泛关注。

### 6.3.1　热镀锌渣回收技术

热镀锌渣的回收技术主要包括焙烧法、维尔兹法、熔析熔炼法、电解法、常压挥发法和精馏法等。

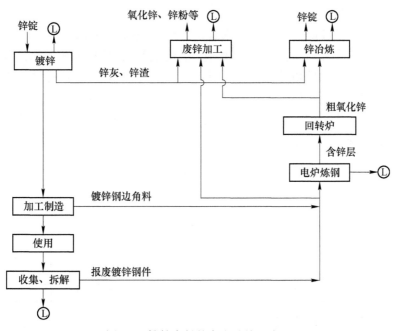

图 6-6　镀锌废料的产生及处理流程

（1）威尔兹法利用硫酸浸出热镀锌渣，并获得锌盐溶液。接着，向所得锌盐溶液中加入氨水，控制溶液的 pH 值，使锌盐溶液中的锌离子生成氢氧化锌沉淀。最后，氢氧化锌沉淀经过滤、漂洗、烘干、焙烧等工序，得到高纯氧化锌，工艺流程如图 6-7 所示[21]。该方法的优点是可以获得纯度较高的氧化锌，但流程较长、试剂消耗量大、生产成本高，在工业上应用困难。

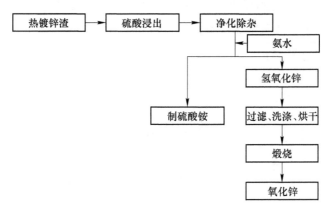

图 6-7　威尔兹法工艺流程

（2）熔析熔炼法只能处理铁锌渣。向热镀锌渣中加入与铁亲和力大的元素（Si、Ba 等），使其形成不溶于锌液的 Me-Fe 合金渣，利用密度熔点不同而达到除铁的效果。原理如下：

$$FeZn_7(FeZn_3、Fe_5Zn_{21}) + Me \longrightarrow FeMe + Zn$$

除铁后的锌再加入氯化剂（氯化钾、氯化钠等），使锌液中的杂质氯化挥发或造渣除去。典型的熔析熔炼法工艺流程如图 6-8 所示[21]。该方法主要优点是工艺简单、投资少见效快、过程温度低、能耗低、铁可降至 0.0028% ~ 0.0078%。不足之处是氯化除杂过程中会产生大量浮渣，金属直收率仅为 65% 左右，浮渣中的锌只能通过湿法生产化肥。

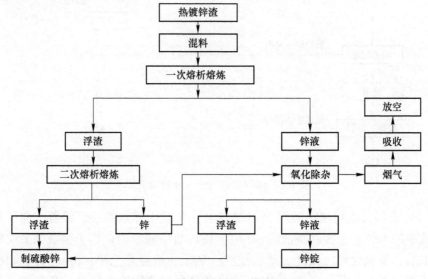

图 6-8　熔析熔炼法工艺流程图

（3）电解法将锌渣制成可溶性阳极材料后直接电解精炼，以获得高纯度阴极锌。典型的热镀锌渣电解法处置工艺流程如图 6-9 所示[21]。

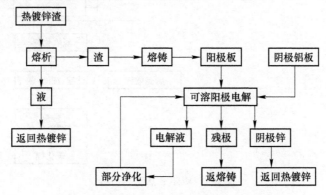

图 6-9　典型热镀锌渣电解法处置工艺流程

电解法处理过程中，如果锌渣中铁含量过高会造成以下影响：

1) 铁含量过高会使铁在阳极板电化学氧化的几率增加, 同时增大了铁离子在阴极电沉积析出的可能性, 导致阴极锌铁量增加、纯度下降。

2) 铁含量过高还会影响锌的正常溶解, 导致阳极极化增大。

马春等[22]开发了一种利用 $ZnCl_2$-$NH_4Cl$ 溶液体系处理热镀锌渣, 并研究了杂质离子 Fe、Ni、Sn 等对热镀锌渣电解精炼效果的影响。研究表明, 随着阳极中 Fe、Ni、Sn 等含量的升高, 电流效率降低, 电耗增大, 阴极锌品位下降; 同时, 也影响阴极锌的表面形貌, 杂质含量越高, 阴极锌的表面越不平整。因此必须定期除杂, 以降低它们在电解液中的含量。净化除杂的传统方法是向溶液中加入合适的化学药剂, 使杂质离子形成某种不溶物从溶液中沉淀析出。这就带来了原材料消耗增加和过滤洗涤频繁、生产周期长、设备投资多、占用场地大等问题。

(4) 常压挥发法利用锌的沸点远低于锌渣中杂质的沸点, 在常压高温下使锌挥发成锌蒸汽, 冷凝后得到金属锌。常压挥发法是热镀锌渣的常用处理方法之一, 其金属回收率可达98%以上, 此外, 还具有工艺简单、环保等特点。

(5) 精馏法利用锌与锌渣中其他金属沸点不同, 在密闭的塔内通过蒸发、冷凝、回流等连续分馏过程, 使锌与其他金属分离, 达到提纯的目的。锌及部分金属的沸点、蒸气压与温度关系见表6-6[23]。按其蒸气压或沸点, 粗锌中可能含有的杂质金属可分为两类: 1) 蒸气压高于 (或沸点低于) 锌的杂质, 如 Cd 等; 2) 蒸气压低于 (或沸点高于) 锌的杂质, 如 Pb、Fe、In、Cu 等。

表6-6 锌及部分金属的沸点、蒸气压与温度的关系

| 元素 | Zn | Cd | Pb | Fe | Cu | Sn | In |
|---|---|---|---|---|---|---|---|
| 沸点/K | 1179 | 1040 | 2017 | 3008 | 2633 | 2533 | 2343 |
| 1179K 下的蒸气压/Pa | $1.01×10^5$ | $4.2×10^5$ | ≤133.3 | | | | |

精馏过程可分为两个阶段: 第一阶段是热镀锌渣在化锌炉熔化去除浮渣, 得到粗锌; 第二阶段在镉塔中进行, 含镉锌经镉塔多次蒸馏和分凝回流后, 在塔的下部产出纯锌, 镉则富集于高镉锌中。精馏法的工艺流程如图6-10所示[23]。

韩龙等[24]采用真空蒸馏处理热镀锌渣, 主要是将锌渣中铁和铝与主体金属锌的分离。研究表明, 真空蒸馏回收热镀锌渣中的锌是可行的, 当蒸馏温度1173K, 压力50~100Pa, 蒸馏时间14h, 金属锌的回收率可达93.37%, 且得到的产品锌达到国际1号金属锌。然而, 真空蒸馏法时间长、对设备要求高, 在实际工业生产中很难达到, 很难实现经济化、规模化生产。

## 6.3.2 热镀锌灰回收技术

热镀锌灰的回收处理工艺主要包括横罐炼锌回收工艺、密闭鼓风炉炼锌工

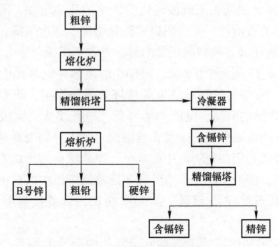

图 6-10　精馏法工艺流程图

艺、酸浸—净化—电沉积工艺、改进的溶剂萃取工艺、酸浸—净化—沉锌—酸浸—电解工艺、Zn(Ⅱ)-(NH₄)₂SO₄-H₂O 体系电积工艺、锌化工产品制备等。

（1）横罐炼锌回收工艺。将锌灰与焦炭（配比为理论量的 2~3 倍）混合后装入横罐内，以煤或者煤气为热源进行加热。当罐内温度升至1000℃左右时，炉料中氧化锌被还原生成锌蒸汽。大部分锌蒸汽经冷凝器冷凝后得到金属锌，少量残余锌蒸汽进入延伸器中，并以"蓝粉"形式回收。该工艺具有投资少、设备简单等优点，但也存在锌直收率低（40%~60%）、纯度低（一般只能达到 4 号或 5 号锌）、劳动强度大、操作条件差、生产效率低等缺点。目前，该工艺基本上被淘汰。

（2）密闭鼓风炉炼锌工艺。热镀锌灰经回转窑处理，以去除其含有的大部分卤素。接着，将处理后的热镀锌灰与还原剂混合、制团后装入鼓风熔炼炉内冶炼。该工艺具有设备简单、易规模化处理等优点，但是脱氯成本较高，同时，物料夹带量大会导致锌蒸汽冷凝效率低。

（3）酸浸—净化—电沉积工艺。首先，使用热水浸出热镀锌灰中的水溶性物质，并使部分氯化锌转变成氢氧化锌进入渣中。接着，使用硫酸浸出滤渣，采用黄钾铁矾法除去浸出液中的杂质铁，添加硫酸银去除浸出液中的氯离子。最后，净化处理后的浸出液经电沉积得到电解锌。典型酸浸—净化—电沉积工艺的流程如图 6-11 所示[21]。该工艺具有锌回收率高、易实现机械化、环境污染小等优点。但也存在电解液净化工艺繁琐、生产周期长、成本高等缺点。

（4）改进的溶剂萃取工艺。该工艺主要包括浸出、萃取、洗涤、反萃取、电沉积和有机相再生等工序，工艺流程如图 6-12 所示[25]。

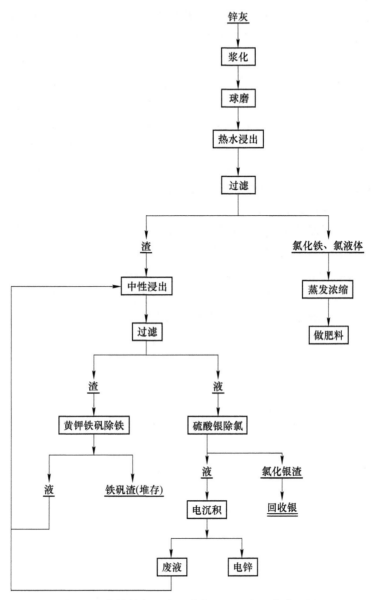

图 6-11 热镀锌灰浸出—净化—电沉积工艺流程图

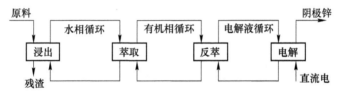

图 6-12 改进的溶剂萃取工艺流程图

由图 6-12，首先，热镀锌灰经稀硫酸浸出、沉淀法除杂后进入萃取工序；萃取工序使用 2-乙基己基磷酸（$D_2EHPA$）的煤油溶液作为 $Zn^{2+}$ 萃取剂，萃取入有机相中的杂质经洗涤除去；在反萃工序，利用强酸性的电解过程剩余液将 $Zn^{2+}$ 从有机萃取剂中反萃出来，得到超纯硫酸锌溶液；硫酸锌溶液经电沉积后在阴极上得到金属锌产品。该工艺具有锌回收率高、锌品质好、试剂利用率高、环境友好等优点，但存在耗水量大、生产周期长、锌电解能耗高和有机相挥发等缺点。

（5）酸浸—净化—沉锌—酸浸—电解工艺。首先，热镀锌灰经稀硫酸浸出、除杂（沉淀法和活性炭吸附法）后得到锌浸出液；向浸出液中添加氧化锌，使浸出液的 pH=4 左右，溶液中铁元素以沉淀的形式除去；用活性炭吸附锌浸出液中的有机杂质及少量的铝、硅杂质；向浸出液中加入锌粉，溶液的 pH=4 左右，溶液中的铜离子形成单质铜沉淀而除去；向净化后的浸出液中加入碳酸钠，使浸出液中的锌离子全部形成碳酸锌沉淀；生成的碳酸锌沉淀继续用稀硫酸浸出，得到的锌浸出液通过电解后得到金属锌。其工艺流程如图 6-13 所示[26]。该工艺具有金属锌产品纯度高、结晶性形貌好等优点。但是，该工艺工序长、试剂消耗量大、生产周期长、成本高，工业应用较为困难。

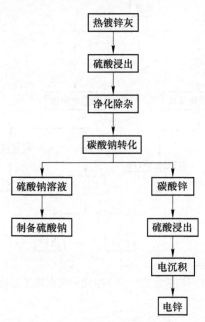

图 6-13 酸浸—净化—沉锌—酸浸—电解工艺流程图

（6）$Zn(II)$-$(NH_4)_2SO_4$-$H_2O$ 体系电积工艺。80~90℃下，用 $(NH_4)_2SO_4$ 溶液浸出热镀锌灰中的锌。接着，向浸出液中加入 $H_2SO_4$ 调节溶液 pH=2 左右。浸出液冷却后，锌以低氟、氯含量的复盐形式析出。析出的锌复盐经过硫酸浸出、电积等工艺后得到金属锌。该工艺具有不用预先脱氯处理、浸出液净化简单等优点，但具有（NH₄）₂SO₄浸出锌效率较低、锌电积成本高等缺点。

（7）制备锌化工产品。除了用于生产金属锌，热镀锌灰还被用于生产活性 ZnO、ZnSO₄、ZnCl₂ 等锌化工产品。首先，热镀锌灰经酸液浸出、净化等工序后得到锌浸出液。如果要制备活性 ZnO，则需向锌浸出液中加入 Na₂CO₃ 溶液以获得 ZnCO₃，ZnCO₃ 经焙烧后得到活性 ZnO；如要制备 ZnSO₄，则需将锌浸出液压入浓缩罐中蒸发浓缩至饱和溶液，然后放入结晶池中冷却结晶；如要制备 ZnCl₂，则需将净化后的浸出液蒸发浓缩。该工艺生产成本较高，大规模应用较为困难。

### 6.3.3 热镀锌废液中锌的回收再利用

热镀锌酸洗废水来源主要来自前处理工序，即酸洗阶段和漂洗阶段，且漂洗水中的离子是由酸洗工序中引入的。酸的组成受酸洗时间以及操作工艺的不同而变化很大，酸中的 $Zn^{2+}$ 是由挂具和返镀件上的锌重新酸洗时溶解进入到酸洗液中的。镀锌废液中含有大量的锌、铁等有价元素，一般来说，锌质量分数可达 10%～15%，铁质量分数可达 5%～10%，见表 6-7[27]。热镀锌产生的酸洗废水不仅量多，而且废水中酸和金属离子浓度高，若能对其进行资源化处理，可产生可观的经济效应。

**表 6-7　典型镀锌废液的成分**

| pH 值 | $w(Fe)/\%$ | $w(Zn)/\%$ | 相对密度 |
| --- | --- | --- | --- |
| <1 | 5～10 | 10～15 | 1.2～1.4 |

传统的镀锌废液处理工艺如图 6-14 所示，通过加入沉淀剂将金属离子转化为固体而过滤掉。中和/沉淀法的一般操作是向酸洗废水中投加合适的中和剂（烧

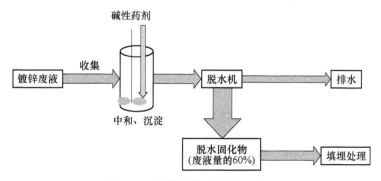

图 6-14　传统镀锌废液处理方法

碱、石灰乳等），利用碱与酸的中和反应调节废水的 pH 值至 6~9，再通过沉淀反应将金属转化为沉淀。沉淀物的固液分离，一般采用自然沥干，低温下可采用压滤设备。中和/沉淀法的特点是操作简单，但对所沉淀的离子无选择性，造成有价金属的损失，污泥量大。镀锌废液经过中和、过滤、脱水等工序后得到大量的锌铁污泥（约占废液总量的 60%），最终，铁铬污泥被填埋处理。这种处理方法会造成资源的大量浪费。

离子交换/酸阻滞技术的原理是：当废酸经过离子交换树脂床时，树脂对酸进行吸附，相应的盐能顺利通过，在用水反冲洗的过程中，吸附的酸被重新释放出来，从而实现了酸和相应的盐的分离。酸阻滞法成本低、操作简单、可靠稳定、性能较好，广泛应用于酸洗废水的提纯。李秀芝等[28]使用一种强碱性阴离子交换树脂床对两组含酸及其相应盐的废液（$FeSO_4$-$H_2SO_4$ 和 $ZnSO_4$-$H_2SO_4$）进行处理，酸和金属的回收率分别可达 85% 和 95% 以上，估算出酸的回收能节省生产用酸的 68% 费用。

溶剂萃取技术是利用化合物在两种互不相溶（或微溶）的溶剂中溶解度或分配系数不同，水相和有机相混合后，有机相中的功能基团可与水相中的目标离子结合，然后通过静置得到萃取相和萃余相，再通过反萃将萃取相中目标离子分离出去，为了实现多重离子的分离和提高萃取效率，一般设多级萃取和多级反萃取过程。溶剂萃取技术的核心是选取合适的萃取剂。Lum 等[29]报道了用磷酸三丁酯（TBP）和二（2-乙基己基）磷酸（D2EHPA）两种萃取剂经两步萃取从热镀锌酸洗废水中再生硫酸锌的工艺及影响因素，模拟预测了 99.2% 的锌回收量。

膜技术使用一种选择性半透膜，它只允许所选择的物质通过，较小的水分子依次通过半透膜，而较大的溶质分子则被截留下来。Román 等[30]报道了一种处理酸洗废水的复合式膜工艺，先通过液体薄膜渗透萃取技术，得到高浓度的 $FeCl_2$ 残余液、HCl 与 $ZnCl_2$ 的混合溶出相；然后应用膜蒸馏进一步分离混合溶出相，可以得到再生酸。

日本 JFE 公司开发出新型镀锌废液锌铁分离技术，已在横滨建立了镀锌废液的处理、回收工厂，其工艺流程如图 6-15 所示[27]。首先，将镀锌废液加入反应釜中，并通过加入碱性药剂使其达到弱碱性。向反应釜中鼓入空气，并调整溶液 pH 值，使 $Fe^{2+}$ 氧化。待镀锌废液中的 $Fe^{2+}$ 全部氧化成 $Fe^{3+}$ 后，用过滤装置脱水将铁除去。$Fe^{3+}$ 的脱水固化物呈红褐色，其铁质量分数达 30% 以上，可进行填埋处理。接着，向除铁后的镀锌废液中加入碱性药剂，使锌形成氢氧化物，经过滤装置脱水后得到含锌 50%（质量分数）以上的脱水固化物。这些含锌脱水固化物可作为锌冶炼的原料。经上述工艺处理，需填埋处理的污泥量可降至废液总量的 20%。

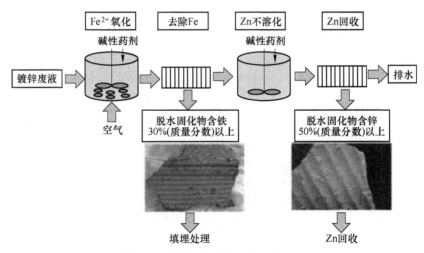

图 6-15　镀锌废液的回收工艺流程

# 6.4　含锌尘灰回收再利用技术

随着我国钢铁工业的迅猛发展，每年会排放大量的含锌废料。据统计，每年排出的烟囱灰含锌金属 650 万吨以上。其中炼钢电弧炉和中频炉排出的烟囱灰含锌金属约 50 万吨以上（锌质量分数为 20%~60%），炼铁高炉排出的烟囱灰含锌金属 600 万吨以上（质量分数为 3%~20%）。一般情况下，各种含锌废料中锌质量分数为 5%~30%。钢铁厂含锌废料中富含铁、碳、锌、铅等物质，具有良好的综合利用价值。如何高效利用钢铁厂含锌废料并提高其综合附加值，减少环境污染，一直以来都是冶金企业、研究院校的重大研究课题。根据锌含量的不同，含锌废料的回收大致可分为浸出提锌法和火法富集回收法。若含锌废料的含锌量（质量分数）在 15% 以上，可采用浸出提锌法；若含锌废料的含锌量（质量分数）低于 15%，可采用火法富集回收法，使锌先挥发、富集（可富集至质量分数为 45%~60%），再对烟尘进行处理。

## 6.4.1　浸出提锌法

浸出提锌法是将含锌废料直接用酸或碱浸出，使锌进入溶液中。根据浸出液的不同分为酸浸和碱浸。

### 6.4.1.1　硫酸浸出

首先，将含锌废杂物料磨细并用硫酸浸出，使物料中的锌进入溶液。控制酸浸液 pH 值，过滤得到滤渣。使用高酸浸出一次酸浸渣，得到二次酸浸渣和二次酸浸液。二次酸浸渣中可能含有 Pb、In 等元素，可进行后续处理。将二次酸浸液与一次酸浸液混合，混合液经杂质元素分离等工序后得到纯净的 $ZnSO_4$ 溶液。典型的含锌废料硫酸浸出提取工艺流程如图 6-16 所示[23]，浸出过程化学反应如下：

水溶解　　　　　$ZnSO_4 + 7H_2O \Longrightarrow ZnSO_4 \cdot 7H_2O$

氧化物　　　　　$ZnO + H_2SO_4 \Longrightarrow ZnSO_4 + H_2O$

铁酸锌　　　　　$ZnO \cdot Fe_2O_3 + 4H_2SO_4 \Longrightarrow Fe_2(SO_4)_3 + 4H_2O + ZnSO_4$

硅酸锌　　　　　$ZnSiO_3 + H_2SO_4 \Longrightarrow ZnSO_4 + SiO_2 + H_2O$

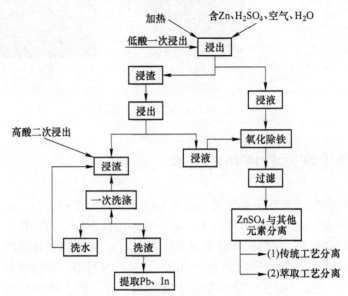

图 6-16　含锌废料硫酸浸出提取流程图

含锌废料酸浸液中常含有 Cu、In、Zn、Fe、Cd 等金属离子，为了获得纯净的 $ZnSO_4$，必须进行除杂。传统的硫酸浸出液金属分离工艺流程如图 6-17 所示[1]。

(1) 氧化除铁。酸浸液中的铁主要以 $Fe^{2+}$ 存在，必须氧化除去。氧化剂包括空气、双氧水或高锰酸钾。若酸浸液酸度偏高，可用石灰水或 ZnO 中和。此外，利用空气氧化时，可在氧化过程中加入少量 $CuSO_4$ 作为催化剂，反应过程为：

$$2Cu_2O + O_2 + 8H^+ \Longrightarrow 4Cu^{2+} + 4H_2O$$

$$2Cu^{2+} + 2Fe^{2+} + 5H_2O \Longrightarrow CuO + Cu + 2FeOOH + 8H^+$$

$$2Fe^{2+} + ZnO + O_2 + H_2O \Longrightarrow 2FeOOH + Zn^{2+}$$

氧化后，酸浸液中的铁被沉淀除去，溶液含铁量可降至 15~20mg/L。

(2) 铜、镉的去除。可采用锌粉置换的方式去除酸浸液中的铜、镉，反应

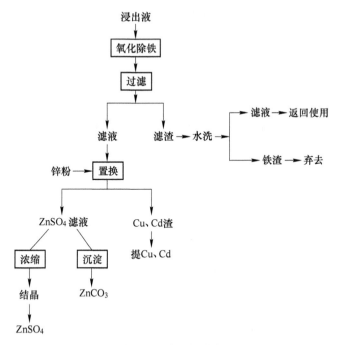

图 6-17 硫酸浸出液金属分离工艺流程

过程为：

$$CuSO_4 + Zn = ZnSO_4 + Cu\downarrow$$
$$CdSO_4 + Zn = ZnSO_4 + Cd\downarrow$$

### 6.4.1.2 碱液浸出

如含锌废料中锌、铅含量较高，且锌、铅均以氧化物形式存在时，可用氢氧化钠进行碱性浸出处理，典型碱性浸出工艺流程如图 6-18 所示[1]。通常的碱性浸出条件为：NaOH 300g/L，液固比 6∶1，浸出温度 70~80℃，浸出时间 1.5h。

周坐东[31]采用正交试验与单因素试验对锌烟尘硫酸浸出提取锌进行了研究。研究结果表明：较优浸出工艺条件为硫酸浓度 150g/L、液固比 7∶1、浸出时间 3h、浸出温度 90℃，在较优浸出条件下，锌浸出率可达 95%以上。李岩等[32]通过中性—酸性两段浸出试验，回收废镀锌板炼钢烟尘中的氧化锌。首先通过确定了中性浸出时的适宜工艺参数为始酸浓度 0g/L、液固比 9mL/g、搅拌强度 200r/min、浸出温度 25℃、浸出时间 80min；酸性浸出时的适宜工艺参数为始酸浓度 20g/L、液固比 9mL/g、搅拌强度 500r/min、浸出温度 25℃、浸出时间 80min，锌的浸出率达到 90.36%，浸出液中锌的含量为 10.14g/L，铁含量仅为 0.56g/L。通过控制浸出终点 pH 值，不需要额外的净化除杂工艺即可控制浸出液中的铁离子浓度，不仅实现了锌的高效提取，又有利于保护环境、节约成本。最终浸出液

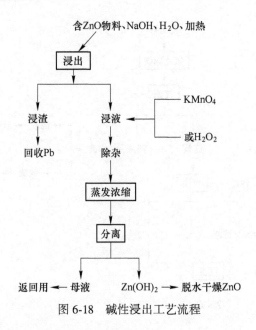

图 6-18　碱性浸出工艺流程

中残留的铁离子主要为二价铁离子，需在萃取工序段去除；其他杂质离子如铅、铜、硅等对三价铁离子的水解沉淀可能起到一定的促进作用。

　　森维等[33]以某冶炼厂低品位锌烟尘浸出液为研究对象，采用萃取法萃取溶液中的锌，尽量将杂质隔断在萃余液中。采用 P204 对低品位锌烟尘的浸出液进行萃取试验，结果表明：采用 P204 三级逆流萃取，锌萃取率为 53.7%，反萃率大于 99%，反萃液含锌控制在 $100 \sim 120g/L$，完全能满足锌电解的要求；浸液中的杂质砷、锑、镉、镍、氟、氯留在萃余液中，降低了杂质的处理成本。

　　湿法浸出工艺锌浸出率高、能耗低、设备投资少，适合小规模生产。但是，湿法提锌对设备腐蚀严重，大多数操作恶劣；对原料比较敏感，工艺优化困难；处理过程中引入的硫、氯等元素容易造成新的环境污染；同时，湿法工艺效率低，难以消化钢铁企业产生的含锌烟尘。

## 6.4.2　火法富集法

　　随着有色金属提取工艺技术的不断提高，部分含锌废料中有价金属元素的质量分数较低，如铜冶金的废杂物料（含锌 6% ~ 15%、铜 0.6% ~ 4%、铅 5% ~ 20%）、炼铅过程产生的高锌炉渣（含锌 5% ~ 15%）、炼铁高炉瓦斯灰（含锌 6% ~ 15%）等。这些废料中的有价金属元素质量分数偏低，如直接采用湿法提取其中的金属，经济上不合算。因此，必须通过进一步富集，将物料中可挥发的金属元素富集到烟尘中，然后再从烟尘中提取各种有价金属。火法富集的工艺包括回转窑还原挥发法、烟化炉法、硫酸化焙烧法、氯化挥发法等。目前，国内中小企业均采用回转窑挥发法和焙烧法，而国有大型企业多采用烟化挥发法。

蒋光辉等[34]针对生产富锰渣过程中所产生的含锌铅烟尘回收困难的问题，提出还原焙烧挥发回收工艺。以国内三种含锌烟尘为原料，对焙烧温度、焙烧时间以及料层厚度等工艺参数进行了探讨和优化。结果表明：在含锌烟尘：还原煤：石灰为100:50:2.5，温度1200℃下还原焙烧90min后，挥发渣中的锌质量分数都小于0.5%，锌挥发率超过97%。

古文全等[35]进行了含锌烟尘还原挥发处理工艺研究。结果表明：还原温度、还原时间以及煤粉添加量对锌挥发率有较大影响。当还原温度1100℃，还原时间40min，烟尘与还原煤粉的配比为2:1时，得到含锌52.68%（质量分数）的氧化锌粉，锌回收率达85%以上。

我国钢铁行业对所产生的含锌废料处理和利用，存在的主要问题如下：

（1）目前含锌废料处理和利用的企业比较分散、规模小、能耗高、污染重、技术设备落后、抗风险能力弱、资源综合利用率低。

（2）从回收锌和铅的角度看，几种锌废料的品位还是存在高低不一的问题；应用Waltz法的生产实践表明，质量分数为15%的锌火法富集，只是保本锌含量，因此，选择中锌含量灰意味着没有利润；只能用几乎不含锌的转炉粉尘与含锌较高的高炉灰、电炉灰混合成低含锌量的粉尘后，采用低锌火法工艺处理，则可避免采用中锌火法处理工艺带来的经济效益差的问题。

（3）火法富集后生成的次氧化锌，含氟、氯量较高，影响湿法电解锌（烧阳极板）；采用脱氟、氯技术，势必会增加加工成本和造成环境污染。

# 6.5 我国再生锌回收现状

2004~2014年，我国锌及再生锌产量见表6-8。可以看出，近年来我国再生锌产量约占锌总产量的20%左右。应该指出的是，再生锌产量中包括50%左右的进口废锌。与我国再生铝、铜、铅等产业相比，我国的再生锌产业存在较大差距。

表6-8 2004~2014年我国锌及再生锌产量

| 项 目 | 年 份 | | | | | | | | | | |
|---|---|---|---|---|---|---|---|---|---|---|---|
| | 2004 | 2005 | 2006 | 2007 | 2008 | 2009 | 2010 | 2011 | 2012 | 2013 | 2014 |
| 锌总产量/万吨 | 252 | 277.6 | 316.3 | 347.3 | 391.3 | 441.62 | 526.61 | 503 | 484.64 | 530.22 | 582.69 |
| 再生锌总产量/万吨 | 8.0 | 8.5 | 11.0 | 9.7 | 21 | 28 | 32 | 17.5 | 59.7 | 109 | 133 |
| 再生/总产量/% | 3.2 | 3.1 | 3.5 | 2.8 | 2.0 | 6.3 | 6.07 | 3.4 | 12.3 | 20.5 | 22.8 |

目前，我国再生锌行业存在的主要问题如下：

（1）镀锌领域的锌消费量约占锌总消费量的 50%，然而，目前仅有锌渣和锌灰得到了回收，大部分镀在钢材上的锌（约占 70%）在钢材二次熔炼时成为烟尘被浪费。国外对电弧炼钢烟尘的回收利用非常重视，早在 1995 年，日本、西欧和美国处理钢铁厂含锌烟尘的能力就已分别达到 36.5 万吨/年、40.5 万吨/年和 53.3 万吨/年，分别占所产烟尘总量的 73%、87% 和 97%。因此，钢铁企业的锌回收再生是我国锌回收面临的首要任务。

（2）长期以来，我国的干电池仍以锌锰电池为主，且产量稳居世界第一。电池生产的用锌量约占锌总消费量的 10% 左右，因此，开展废干电池的回收再生不仅可以回收各种有价金属，如锌、锰、铜、镉等，同时也有利于保护环境。然而，目前我国的电池回收制度和渠道尚未完善，市场上无序竞争、污染环境等现象时有发生。

（3）目前，我国再生锌行业处理的主要是机动车、家用电器、五金等行业产生的废旧压铸锌合金、镀锌过程中产生的锌渣、锌泥等含锌废料。这些含锌废料分布较广，部分由生产厂自行回用处理，大部分交地方锌回收厂处理。部分企业的回收方法和装备水平较低，回收过程中能耗高、回收率低、污染严重。

（4）我国的废锌回收体系很不完善，无论是和国内的再生铜、再生铝、再生铅产业相比，还是和国外再生锌产业相比，都存在较大距离。目前我国锌锰电池生产行业生产的所有电池都没有进行集中回收，尤其是无汞和低汞电池不鼓励集中收集。这只是针对汞对环境的污染而言，并不代表金属锌资源可以丢弃。还有，应用于化工行业的锌也是无法回收的。

（5）相关政策不完善。我国含锌废料的回收利用情况复杂，原料又高度依赖原料生产行业，如钢厂、镀锌企业等。在发展的过程中出现了原料市场产业集中度低、产业整合速度相对滞后等问题，而国家相关部门已经出台的相关政策、标准与再生锌产业实际情况难以对接，制约了行业企业进一步的发展。

国家的资金扶持激励了大量企业开展自主开发技术，并投入资金、人力和物力，加大了对企业自主技术研发的资金政策扶持力度，帮助企业开发关键技术和自主核心技术。这样有利于我国废弃资源综合利用事业的不断发展。

## 参 考 文 献

[1] 高仑. 锌回收与再生技术 [M]. 北京：化学工业出版社，2013.

[2] GB/T 13589—2007, 锌及锌合金废料 [S]. 北京：中国标准出版社，2007.

[3] 张深根，刘虎，等. 一种废旧 18650 型锂电池拆分预处理系统 [P]. 中国专利：CN204271213U，2015-04-15.

[4] 高玉华. 从废旧锌锰电池中回收锌和锰的工艺研究 [J]. 再生资源研究. 2006 (1):

35-37.

［5］ Bartolozzi M, Braccini G, Marconi F, et al. Recovery of zinc and manganese from spent batteries ［J］. Journal of Power Sources. 1994.

［6］ Cleusa Cristina Bueno Martha de Souza, Jorge Alberto Soares Tenório. Simultaneous recovery of zinc and manganese dioxide from household alkaline batteries through hydrometallurgical processing ［J］. Journal of Power Sources, 2004, 136：191~196.

［7］ 冯丽婷, 包祥, 刘清, 等. 锌皮还原同槽电解法处理废干电池工艺研究 ［J］. 郑州大学学报（理学版）, 2006, 01：98-100.

［8］ 李穗中. 废干电池电解制取锌和二氧化锰的研究——《废干电池无害化与资源化技术研究》第二报 ［J］. 广州环境科学, 2005, 2：27-31.

［9］ 包智香. 从废干电池中提取锌和二氧化锰的方法 ［P］. 中国专利：CN1120592, 1996-04-17.

［10］ 钟竹前, 梅光贵, 黄茂春, 等. 从废锌锰干电池中提取二氧化锰及锌的方法 ［P］. 中国专利：CN87102008, 1988-10-19.

［11］ Cerruti C, Curutchet G, Donati E R, et al. Bio-dissolution of spent nickel-cadmium batteries using Thiobacillus ferrooxidans ［J］. Journal of Biotechnology, 1998, 62 （3）：209-219.

［12］ 朱南文, 贾金平, 王士芬. 废电池的无害化生物预处理方法 ［P］. 中国专利：CN1332482, 2002-01-23.

［13］ 孙艳, 吴锋, 辛宝平, 等. 温度对生物淋滤废旧 MH/Ni 电池中重金属影响研究 ［J］. 环境污染与防治, 2008, 5：1-39.

［14］ 朱庆荣, 辛宝平, 李是玶, 等. 生物淋滤直接浸出废旧电池中有毒重金属的实验研究 ［J］. 环境化学, 2007, 5：646-650.

［15］ 牛志睿, 辛宝平, 庞康, 等. 微波辅助生物淋滤废旧碱性电池锌锰的溶出 ［J］. 环境工程学报, 2015, 9 （11）：5199-5205.

［16］ 席国喜, 张存芳, 路迈西. 废旧电池共沉淀法制备锰锌铁氧体 ［J］. 化学世界, 2006, 47 （7）：385-387.

［17］ 张晓东, 冷士良, 刘兵, 等. 废干电池和钛白废酸制取锰锌铁氧体研究 ［J］. 中国资源综合利用, 2013, 45 （6）：44-45.

［18］ 张永禄, 王成彦, 杨卜, 等. 废旧锂离子电池 $LiCoO_2$ 电极中钴的浸出动力学 ［J］. 有色金属（冶炼部分）, 2012, 8：4-6, 36.

［19］ 赵锟, 林永, 王曼丽, 等. 超声波辅助酸浸法回收废旧锂离子电池中的钴 ［J］. 广州化工, 2013, 11：90-91.

［20］ 张江徽, 陆钟武. 锌再生资源与回收途径及中国再生锌现状 ［J］. 资源科学, 2007, 3：86-93.

［21］ 何小凤, 李运刚, 陈金. 热镀锌渣锌灰回收处理工艺评述 ［J］. 中国有色冶金. 2008, 2：55-58.

［22］ 马春, 余仲兴. 热镀锌渣电解精炼过程中杂质离子的影响 ［J］. 上海有色金属, 2003, 24 （3）：99-104.

[23] 郭秋松, 郭学益, 陈培炜. 我国硬锌处理现状及前景展望 [J]. 湖南有色金属, 2008, 24 (1): 16-19.

[24] 韩龙, 杨斌, 等. 热镀锌渣真空蒸馏回收金属锌的研究 [J]. 真空科学与技术学报, 2009, 29 (s1): 101-104.

[25] G Diaz, D Martin. Modified Zincex Process: the clean, safe and profitable solution to the zinc secondaris treatment [J]. Resources Conservation and Recycling, 1994, 10 (1-2): 43-57.

[26] P Dvofak, J Jandova. Hydrometallurgical recovery of zinc from hot dip galvanizing ash [J]. Hydrometallurgical, 2005, 77 (1): 29-33.

[27] 李军昌. 热镀锌废液中锌的回收再利用新技术 [J]. 本钢技术. 2014, 1: 42-43.

[28] 李秀芝, 张杰. 酸阻滞法处理含酸及其相应盐的废液 [J]. 城市环境与城市生态, 1995 (4): 4-7.

[29] Lum K H, Stevens G W, Kentish S E. Development of a process for the recovery of zinc sulphate from hot-dip galvanizing spent pickling liquor via two solvent extraction steps [J]. Hydrometallurgy, 2014, 142 (2): 108-115.

[30] Román M F S, Gándara I O, Ibañez R, et al. Hybrid membrane process for the recovery of major components (zinc, iron and HCl) from spent pickling effluents [J]. Journal of Membrane Science, 2012, s 415-416 (10): 616-623.

[31] 周坐东. 高铁含锌烟尘浸出工艺研究 [J]. 湖南有色金属, 2012, 28 (3): 35-37.

[32] 李岩, 杨丽梅, 徐政, 等. 某含锌烟尘中性—酸性两段浸出试验 [J]. 金属矿山, 2013, 42 (2): 164-168.

[33] 森维, 杨继生, 林大志, 等. 萃取法处理低品位锌烟尘的研究 [J]. 有色金属 (冶炼部分), 2016 (6): 19-21.

[34] 蒋光辉, 牛莎莎, 刘俊, 等. 采用还原焙烧回收烟尘中的锌铅工艺研究 [J]. 湖南有色金属, 2013, 29 (4): 20-23.

[35] 古文全, 郭光平, 谢兴同, 等. 含锌烟尘还原挥发处理工艺的研究 [J]. 中国有色冶金, 2011, 40 (2): 57-59.